国家科技重大专项项目(2016ZX05045004)资助
国家自然科学基金项目(52074049,52304211)资助

煤矿水力压裂微震特征识别
定位及应用

姜志忠　　胡千庭　　李全贵　　　著
钱亚楠　　凌发平

U0324191

中国矿业大学出版社
· 徐州 ·

内 容 简 介

　　本书研究成果可为煤矿水力压裂微震监测提供理论支撑,也可为水力压裂范围探测与评价提供技术基础,部分研究成果已被写入能源行业标准《煤矿井下水力压裂增渗效果及有效范围探测评价方法》(NB/T 10851—2021),对规范井下水力压裂、促进瓦斯安全高效抽采具有重要意义。

　　本书可供从事能源与矿业领域工作的研究人员、教育工作者、工程师等,以及学习地球物理和矿业工程的学生使用。

图书在版编目(C I P)数据

　　煤矿水力压裂微震特征识别定位及应用 / 姜志忠等著. — 徐州 : 中国矿业大学出版社,2024.6. — ISBN 978 - 7 - 5646 - 6274 - 5

　　Ⅰ. TD742

　　中国国家版本馆 CIP 数据核字第 2024S6903Z 号

书　　名	煤矿水力压裂微震特征识别定位及应用	
著　　者	姜志忠　胡千庭　李全贵　钱亚楠　凌发平	
责任编辑	宋　晨　耿东锋	
出版发行	中国矿业大学出版社有限责任公司	
	（江苏省徐州市解放南路　邮编221008）	
营销热线	(0516)83885370　83884103	
出版服务	(0516)83995789　83884920	
网　　址	http://www.cumtp.com　**E-mail** : cumtpvip@cumtp.com	
印　　刷	苏州市古得堡数码印刷有限公司	
开　　本	787 mm×1092 mm　1/16　**印张** 12.75　**字数** 243 千字	
版次印次	2024 年 6 月第 1 版　2024 年 6 月第 1 次印刷	
定　　价	56.00 元	

　　（图书出现印装质量问题,本社负责调换）

前　　言

　　微震监测作为水力压裂动态监测的关键技术,近年来受到煤矿行业的广泛关注。通过微震监测可以实时获取水力压裂过程煤岩层破裂状态,从而调整压裂工艺,进而获得最佳的压裂效果。目前水力压裂已经在我国大部分矿区得到推广,主要用于煤岩层增透提高瓦斯抽采率和坚硬顶板弱化防治冲击地压。煤层增透旨在降低煤层突出危险、提高瓦斯抽采率、减少煤矿瓦斯排空,是煤矿安全高效生产的前提,也是煤矿碳减排的重要抓手;水力压裂弱化坚硬顶板可以有效降低顶板来压强度,保障煤炭开采工作面的安全。此外,微震监测兼具信息量大和时效性好的特点,可为煤矿管理系统提供信息支撑,是智能矿山建设的底层基础之一。因此,深入开展煤矿水力压裂微震监测研究,对于煤炭安全绿色高效开发和煤矿智能化建设都具有重要意义。

　　在国家科技重大专项项目(2016ZX05045004)、国家自然科学基金项目(52074049,52304211)、贵州省科技计划项目(ZK〔2023〕一般070)和贵州大学引进人才科研项目(2021064)等的资助下,经过笔者多年研究,在煤矿水力压裂微震响应规律、煤系地层弹性波传播特性、微震三分量极化定位理论及方法、煤矿水力压裂破裂岩层岩性识别、煤矿水力压裂微震监测工程应用技术标准等方面取得了一些创新性成果。本书对以上方面研究及成果进行了较为详细的论述,希望能为从事此方面工作及相关领域研究的工程技术人员和科技工作者提供一点参考。

　　本书围绕煤矿水力压裂微震特征识别和定位问题,以煤矿井下微震监测工程需求为指导,采用理论分析、数值模拟、物理模拟和工程试验等方法,研究了煤岩水力压裂微震响应规律和煤系地层弹性波传播特性，提出了微震三分量极化定位方法，建立了三分量极化定位理论模型，探索了井下水力压裂破裂岩层岩性识别方法用以修正震源定位，同时开展了煤矿水力压裂微震监测工程应用推广。

全书共分为7章。第1章介绍了煤矿水力压裂范围探测研究现状，并阐述了微震监测技术在煤矿水力压裂效果评价中的技术难题和最新进展，系统论述了微震定位的研究现状，提出了本书的研究内容和研究方法。第2章介绍了煤系地层弹性波传播理论，同时通过物理试验探究了煤系地层弹性波的衰减特性。第3章研究了煤岩水力压裂声发射响应特征，论述了煤岩水力压裂破裂机制和声发射响应规律。第4章提出了煤岩水力压裂微震特征智能识别模型，并探索了破裂岩性识别对微震定位修正的数理模型。第5章提出了微震三分量极化定位理论和关键技术。第6章开展了微震三分量极化定位试验研究，同时开发了三分量微震监测系统，建立了工程尺度的大型微震监测试验平台。第7章是对本书理论和试验研究成果的推广，介绍了3个具体的水力压裂微震监测工程案例。

本书编写分工如下：第1章、第2章的第5节、第3章、第4章、第5章、第6章和第7章由姜志忠撰写，第2章的第1节至第4节由凌发平和姜志忠共同撰写，第7章的第3节由钱亚楠和姜志忠共同撰写。

本书得以书成，得益于业界前辈的支持和指导，特别感谢重庆大学梁运培教授在研究工作中给予的支持，感谢重庆大学吴燕清教授对微震硬件开发的支持，感谢中煤科工集团重庆研究院有限公司文光才研究员和陈久福研究员在项目实施过程中的指导。感谢重庆大学许洋铖教授、邹全乐教授、何将福教授、廖志伟教授、罗永江教授、李可教授、秦朝中教授、陈强教授，感谢山东科技大学李学龙教授和中国矿业大学李楠教授。感谢重庆大学研究生李文禧和刘荣辉参与的部分研究工作以及对书中部分撰写工作的支持。感谢贵州大学文志杰教授、左宇军教授、李希建教授、吴桂义教授、孔德中教授、王沉教授、马振乾教授对本书研究和出版工作的支持。感谢贵州大学研究生张智超、刘榆、莫加斌、李锦慧、王明英参与的修改工作。感谢中煤科工集团重庆研究院有限公司武文斌所长及其团队的研究人员，沈阳焦煤股份有限公司红阳二矿马庆国总工程师、佟胜利科长,重庆能投渝新能源有限公司石壕煤矿和贵州贵能投资股份有限公司织金县三塘镇四季春煤矿工程技术人员对现场试验的支持。本书在撰写过程中参阅了大量国内外相关研究领域的文献,在此谨向这些文献的作者表示诚挚的感谢。

　　本书在煤矿水力压裂微震监测的理论研究和工程应用方面进行了有益的探索,并取得了一些成果,但还有很多方面需要进一步深入研究和完善。

　　由于水平和时间有限,书中难免有疏漏之处,敬请读者批评指正。

著　者

2024 年 2 月于贵阳

目　　录

1　绪　　论

1.1　引　　言

煤层气(煤矿瓦斯)是近二十年在国际上崛起的洁净、优质能源和化工原料,同时也是温室气体,面对碳达峰碳中和战略目标,加快加大煤矿瓦斯抽采利用、减少瓦斯排放对我国能源改革和世界环境保护具有重要意义。水力压裂技术是煤层气(煤矿瓦斯)增产的关键技术之一,目前水力压裂技术已经在我国大部分矿区得到了推广应用。

"十二五"以来,我国大力开发煤矿区煤层气(煤矿瓦斯),水力压裂技术在煤矿井下瓦斯抽采及瓦斯灾害治理中得到快速发展。据不完全统计,我国一半以上的煤矿区都在应用水力压裂技术。山西、陕西、河南、安徽、贵州、重庆、云南、辽宁、新疆等已将水力压裂作为区域瓦斯防治的必要措施,水力压裂技术在煤矿区得到了大范围的应用,煤矿瓦斯抽采利用量也随之逐年大幅上升(图 1-1)。2015 年,煤矿井下瓦斯抽采量为 136×10^8 m^3,比 2010 年增长 78.9%,全国大中型高瓦斯矿井和煤与瓦斯突出矿井均按要求建立了瓦斯抽采系统,建成了 30 个年抽采量达到亿立方米级的煤矿瓦斯抽采矿区,分区域建设了 80 个煤矿瓦斯治理示范矿井,山西、贵州、安徽、河南、重庆等 5 省(市)煤矿瓦斯年抽采量超过 5×10^8 m^3。"十三五"期间,我国执行煤钢去产能政策,虽然关闭了近 2 000 对高瓦斯突出矿井,但煤矿井下瓦斯年抽采量仍然保持在约 130×10^8 m^3。可预测水力压裂技术在煤矿井下还会进一步扩大推广。然而,煤矿井下水力压裂缺乏规范性操作,压裂工艺参数与压裂范围基本按经验确定,一些压裂工程因效果不佳而被放弃,一些压裂工程因在试验过程中引发事故而被禁止,核心问题是缺乏理论支撑和探测评价手段,使得煤矿井下水力压裂的实施具有盲目性。

近年来,水力压裂微震受到全球广泛关注[1]。中国工程院战略咨询中心等发布的《全球工程前沿 2019》[2]将"基于微地震监测的裂缝形态处理方法和系统"列为能源与矿业工程领域工程开发前沿 TOP3,《全球工程前沿 2020》[3]将"压裂裂缝诊断评估方法"列为工程研究前沿 TOP9,《全球工程前沿 2021》[4]将

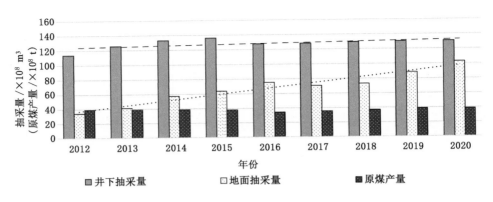

图 1-1　我国煤层气(煤矿瓦斯)年产量

(注:数据来自国家统计局)

"井下高效压裂液研发与压裂动态监测技术"列为工程开发前沿 TOP9,《全球工程前沿 2022》[5]将"水力压裂三维裂缝扩展模型"列为工程研究前沿 TOP3,《全球工程前沿 2023》[6]又将"水力压裂的储层改造特征和效果"列为工程研究前沿 TOP10。目前,几乎所有地下工程,如矿山、油气、地热、二氧化碳封存、核废料封存、水电大坝、隧道、构造等领域[7-15],皆竞相针对各自工程特点开展微震监测研究。可见,微震监测技术已成为水力压裂裂缝诊断及岩体稳定性分析的研究热点和研究难点。

受到油气行业水力压裂微震监测成功的鼓舞,学者们开始探索将微震监测技术用于煤矿井下水力压裂裂缝诊断[16],期望从微震监测定位反演中获得水力压裂裂缝扩展形态和评价水力压裂范围,从而优化和调整水力压裂注水量、注水压力、钻孔间距等工艺参数,以及实时对水力压裂进行安全评价(图 1-2),提高煤矿井下水力压裂的安全经济效益。

煤矿井下水力压裂微震监测的核心在于震源定位。只有尽可能多地准确地找到煤岩破裂位置,才能更好地解释水力压裂裂缝形态和特征。尽管微震监测研究已经历了百余年的发展,煤矿井下也采用微震技术监测冲击地压,但软煤水力压裂产生的微震信号较弱,对微震震源定位的准确度有更高要求,水力压裂微震监测沿袭现有冲击地压监测方法,在实践中存在不少局限性[17-18]。本书紧紧围绕煤层水力压裂微震监测问题,研究煤层微震响应特征和适合煤矿井下受限空间的微震震源定位方法,实现对水力压裂微震震源的准确判定。本书的研究对规范井下水力压裂、促进井下安全高效抽采瓦斯具有重要意义。

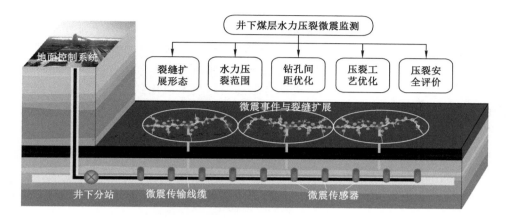

图 1-2 微震监测与井下水力压裂工程示意图

1.2 煤矿井下水力压裂微震监测研究现状

1908 年,德国科学家卢杰·明特罗普在鲁尔煤田的博卡矿区搭建了一个用于监测矿山震动的微震台站,这是最早的矿山微震监测现场报道;20 世纪 20 年代,迈因卡在波兰的西里西亚,针对煤矿冲击地压,开展了微震监测应用的探索;20 世纪 60 年代,由于南非金矿开采深度不断加大,岩爆等灾害频发,微震监测技术在南非金矿开采中得到应用;同一时期,美国矿业局(United States Bureau Mines,USBM)也开始了微震监测系统的研发,并将其用于矿井灾害监测[19-21]。20 世纪 60 年代,中国科学院地球物理研究所改装哈林地震仪形成 581 微震仪,并在北京门头沟矿进行了试用,取得了良好效果。1984 年,我国从波兰引进地音-微震观测系统(SAK-SYLOCK),并相继在北京门头沟矿、抚顺龙凤矿、四川天池煤矿和山东陶庄煤矿开展了煤矿动力灾害监测试验。20 世纪七八十年代以来,得益于迅猛发展的计算机技术和通信技术,微震监测硬件和软件性能得到了很大的提升,功能实现也从定性化提高到了定量化。到 21 世纪初,已经实现了比较精确、定量、实时地评估地震发生震级、位置及时间的现代化微震监测技术。现代化微震监测技术在国外发展得较早、较成熟,如南非 ISS 高精度微震监测系统[22]、加拿大 ESG 微震监测系统[23]、波兰矿山研究总院的 SOS 微震监测系统[24],澳大利亚、俄罗斯、美国、英国等国家也对现代化微震监测技术进行了大量研究与应用[25-27]。我国矿山微震监测技术研究起步很晚,2004 年,首套矿山数字型微震监测系统建成,随后国内现代化微震监测技术研发团队相继涌现[23],如山东科技大学与澳大利亚联邦科学院联合研发团队[28]、辽宁工程技术大学团队[29]、中国科学技术大学团队[30]、中国科学院武汉岩土力学研究所与湖北海震科创技术有限公司组建的中科微震联合研发团队[31]、中煤科工西安研究院(集团)有限公司与西安科技大学联合研发团队[32]等。

具体到煤矿井下水力压裂,较早将微震监测技术应用到煤矿井下水力压裂的是日本学者濑户政宏[33]。20世纪80年代末,濑户政宏在日本北海道的芦别煤矿进行的水力压裂微震监测试验中发现,微震事件显现与水压变化非常对应,微震震源分布具有分形构造,微震震源分布受岩体内应力条件支配,煤层中的微震低频成分比岩层中的显著。尽管濑户政宏在他的研究中没有给出水力压裂范围,但他的工作对煤矿井下水力压裂微震监测或者煤岩水力压裂声发射监测的研究具有不可忽视的参考价值。由于历史原因,国外煤矿逐渐退出能源市场,煤矿相关的水力压裂微震监测案例鲜见报道。国外学者更多地将注意力转移到煤层气地面井开发中的水力压裂微震监测研究,较早的是美国学者Hanson等[34]在阿拉巴马州的Warrior盆地开展的复合薄煤层地面井水力压裂微震监测试验,他们利用微震定位结果反演了压裂裂缝走向。进入21世纪以来,澳大利亚[35-37]、哥伦比亚[38]、印度尼西亚[39-40]、加拿大[41]等国家的诸多学者也将微震监测技术应用于煤层气地面井开发。我国虽然很早就开始了煤矿井下微震研究[8,42],但多数都是以冲击地压为研究对象,而关于煤矿水力压裂微震方面的研究起步较晚,2013年才迎来了国内首篇关于煤层气井水力压裂微震监测研究的学术论文[43],该论文对沁水盆地煤层气井水力压裂微震监测结果进行了分析。之后,Tian等[44]收集了沁水盆地的潞安矿区煤层气井微震台网监测的数据,并进行了震源机制反演。另外也有学者在鄂尔多斯盆地和新疆等地区的煤层气井开展了同样的研究[45-46]。除了地面煤层气井外,我国煤层气另一大部分来自煤矿井下(图1-1),随着水力压裂在煤矿井下的推广,2017年周东平等[47]率先在国内开展了煤矿井下水力压裂微震监测的应用研究,他们分别在山东兴隆庄煤矿和重庆石壕煤矿[18]进行了水力压裂微震监测工程试验,并探索了适合井下监测的微震设备。与此同时,闫江平等[17]将微震监测法和钻探法相结合,在山东兴隆庄煤矿进行的水力压裂范围探测试验中发现,在煤层较软($f \approx 0.3$)的情况下,微震监测所得水力压裂范围比钻探法的小。Jiang等[16]则将微震监测、含水率探测、应力变化监测结合起来研究煤矿井下水力压裂范围,发现压裂孔周围应力扰动范围最大,微震监测所得范围大于含水率法探测的范围。Li等[48]在淮南谢桥煤矿也开展了同样的试验研究,并分析了水力压裂过程的微震波形特征。

总的来说,微震监测技术的基础研究和应用研究已经相对充分,但是针对煤矿井下水力压裂的微震监测还处于探索阶段,对于煤矿井下水力压裂微震的认识还不够深入,缺乏与煤矿井下水力压裂微震监测相适应的技术。

1.3　煤岩水力压裂微震机制研究现状

微震机制的研究主要来源于国外,具有代表性的微震机制理论模型有断层模型、扩容模型和力偶模型。断层模型中具有代表性的研究学者有 Reid[49] 和 Aki 等[50],他们分别提出了弹性回跳学说和震源位错理论,认为微震是由断层的回弹和错动引起的,Mcgarr[51] 和 Gay 等[52] 通过研究大型矿震得出大部分微震是由断层面剪切破坏引起的。Nur 等[53-55] 认为当岩体破坏进入非稳定发展阶段时,岩体体积膨胀,岩体破坏形式将由压缩变为扩容,因此会发生张拉破裂释放内部积聚的弹性能。继断层模型和扩容模型之后,又有学者提出了力偶模型,包括双力偶模型和非双力偶模型[56],其中双力偶模型反映了震源处发生剪切破坏释放应力波的现象,非双力偶模型反映了震源处发生张拉破坏或内爆破坏释放应力波的现象[57]。国内学者认为造成矿山微震的主要因素包括开采扰动[58-59]、地壳变形[60] 和冲击地压[61-62] 等。关于微震震源机制理论模型,张少泉等[63]、李庶林等[64] 对剪切滑移、地震包体、岩体扩容、位错、凹凸体与障碍体等几种常见的矿震机制进行了论述。

关于水力压裂的微震机制,欧洲众多学者通过实践和理论总结,将水力压裂微震的产生机制分为三类。第一类,如图 1-3(a)所示,导水裂缝连通了附近的活断层,压裂液沿着导水裂缝进入活断层后,致使断层活化,触发微震事件;第二类,如图 1-3(b)所示,注入高压流体后,岩体周围应力场发生改变,当附近存在断层时应力场的改变会促使断层滑动进而触发微震事件[65];第三类,如图 1-3(c)所示,该类属于张拉破裂微震,当注入的压裂液压力超过岩体应力场的最小主应力与岩体抗拉强度之和时,岩体产生张拉破裂,从而产生微震。

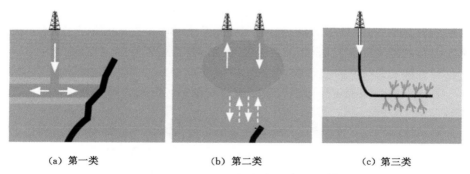

(a) 第一类　　　　　　　(b) 第二类　　　　　　　(c) 第三类

图 1-3　油气井水力压裂微震产生机制[7]

对于软煤层水力压裂的微震机制,国内学者也进行了初步的探索,如雷毅[66]研究了含水煤样的单轴压缩破坏规律,并分析了软煤破坏过程的声发射振铃计数演化,发现了软煤含水状态的塑性破坏特征;吴晶晶等[67]研究了煤岩脉动水力压裂过程中声发射能量随时间的变化特征,将煤岩水力压裂声发射分为了平静期、提速期、加速期和稳定期4个阶段,得到了煤岩水力压裂声发射随时间变化的初步认识;Li 等[68]利用声发射对煤岩水力压裂裂缝扩展进行了试验研究,分析了声发射振铃计数的变化规律,发现水力压裂破裂压力出现的时刻声发射最密集;Hu 等[69]利用声发射定位考察了煤岩水力压裂裂缝的扩展规律,认为多煤层水力压裂具有竞争起裂效应,Tian 等[44]对现场煤层气井水力压裂微震机制进行了反演,发现煤层气井水力压裂剪切破裂事件多于张拉破裂事件,但没有解释出现这种规律的原因;张军等[46]将煤层看作断层面,从而利用地震学中的断层滑移理论分析水力压裂微震机制,认为水力压裂过程中煤层顶底板沿煤层滑移产生微震,显然煤层不能简单地近似为断层。目前,实验室研究主要聚焦于水力压裂裂缝扩展与应力场的关系,声发射往往作为辅助手段而不被重视,忽略了声发射本身丰富的信息,对于声发射规律描述还仅停留在传统的维度。总之,目前对于煤岩水力压裂声发射或现场微震响应机制的认识还不够深入。

1.4 微震震源定位方法研究现状

震源定位作为微震监测的核心技术,一直以来都是国内外专家学者研究的一个重要课题。震源定位研究已有百余年历史,如图 1-4 所示。纵观震源定位技术的发展历程,从早期的以走时方程为理论依据的几何作图法发展到现在的机器学习及多方法多参数信息融合定位技术,定位方法在不断改进和优化,定位精度日益提高,适用场景逐渐细化。

目前,煤矿井下微震震源定位技术基本沿用地震学及石油工程的现有成果,这些震源定位方法可以分为三类:第一类是基于到时不同的定位方法;第二类是基于波形的偏移定位方法;第三类是基于三分量传感器的定位方法。

（1）基于到时不同的定位方法

基于到时不同的定位方法实质是根据震源到各台站的震相到时来反演震源参数。

19 世纪末至 20 世纪初,人们主要采用几何作图法进行震源定位,利用台站接收的走时信息和相关几何知识,通过作图形式直观获取震源位置,即震源轨迹交切最密集的点为震源点。比较典型的有适用于近震与远震的球面交切法[70]、适用于三维复杂速度模型的交切定位法[71]、最小走时射线追踪法[72]等。

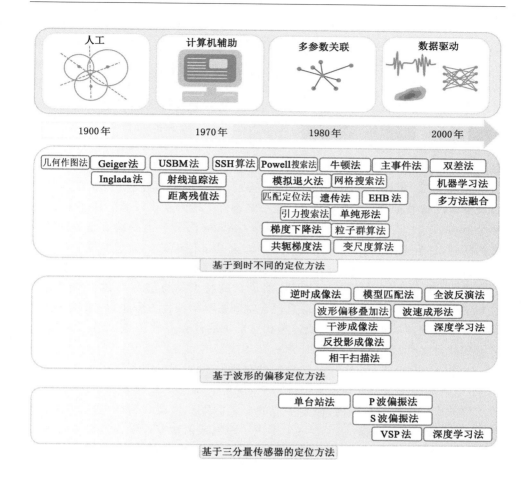

图 1-4　震源定位方法研究发展历程

　　1910 年,Geiger 等开创性地提出了走时反演线性迭代方法,并给出了解析公式,该方法后来被称为 Geiger 法,成为震源定位的经典,一直被沿用至今[73]。Geiger 法的中心思想是求取到时残差,即观测到时与理论到时之差,当残差满足要求时即可找到震源解。Geiger 法虽然将非线性问题线性化,但是需要求解偏导数和逆矩阵,并且要从试探解开始迭代寻优,计算量非常大,这在当时没有计算机的时代是一项艰难而又烦琐的工作。20 世纪 70 年代末,得益于计算机技术的发展,Geiger 法才得以广泛应用[74]。1975 年,Lee 等[75]将 Geiger 法的思想写成了计算机语言,如 HYPO71 程序和 HYPO78-81 程序,开启了计算机震源定位的时代。1978 年,Klein[76]开发了 HYPOINVERSE 算法,Lienert 等[77]

和 Nelson 等[78]受到 Klein 的算法启发又开发了 HYPOCENTRER 算法和 QUAKE3D 算法。1983 年,我国著名地震学家赵仲和先生引进了 HYPO81 程序并将其用于当时的北京遥测地震台网进行重定位,取得了良好效果。Geiger 法自身也有不足之处,如忽略了高阶导数项,Thurber 等[79]为此加入了二阶偏导数并采用牛顿迭代法进行定位计算,提高了算法稳定性的同时也极大地增加了计算量。有些学者则针对 Geiger 法迭代过程的失稳发散问题进行了研究,如 Smith[80]采用标定条件方程的方法、Lee 等[81]从台网优化的角度、Anderson[82]采用 M 估计对 Geiger 法进行了改进。

20 世纪 20 年代,Inglada[83]提出了一种非迭代的震源定位方法,该方法利用最少检波器数量和单一波速模型,在一定条件下能够实现震源的快速定位,被称为 Inglada 法,有时被称为快速定位法。Inglada 法最突出的缺点是容易出现多解问题,并且采用单一波速模型本身会加大其定位误差。为了发展非迭代方法和解决 Inglada 法的问题,20 世纪 70 年代,美国矿业局提出了新的非迭代震源定位法,即 USBM 法[84-85]。USBM 法最大的特点是将震源参数中的时间参量与空间参量进行分离,从而获得只包含空间参量的线性方程组,并采用最优化方法进行求解。USBM 法以其快速和相对准确的优点在北美地区被广泛应用。尽管如此,USBM 法依然没有解决单一波速模型的问题。

20 世纪 60 年代,与 Geiger 法中的到时残差不同,Romney[86]提出了距离残值法,该方法的特点是分离求解震源参数,规避了震源参数间的互相影响,该方法求取的震中位置比较准确,但是求取的震源深度和发震时刻误差较大。赵珠等[85]通过引入到时曲线,一定程度上解决了距离残值法在震源深度和发震时刻计算中的问题。实践表明,该方法在远震定位中能够发挥其特有的优点[87-89]。20 世纪末,Engdahl 等[90]针对全球远震定位问题,又提出了 EHB 法,该方法可以同时运用多种震相,且具有单独确认远震深度震相的全球速度模型,用 EHB 法重新定位得到的震中位置精度明显提高,并且震源深度的精度也得到明显改善。

20 世纪 70 年代以来,蒙特卡罗(Monte Carlo)类非线性迭代方法在震源定位中得到发展[91],该类方法不同于以往的线性迭代方法,它不需要求取偏导数和逆矩阵,对迭代初值要求低,一般选取与震源最近的检波器位置参量作为迭代初值。1979 年,唐国兴[92]采用非线性鲍威尔(Powell)搜索法对震源进行定位;1985 年,Thurber[93]采用牛顿法进行震源求解;1986 年,Kennett 等[94]和 Sambridge 等[95]将网格搜索法应用到震源定位中;1992 年,他们又引入了遗传法[90-91];后来,周民都等[96]将 Powll 法与遗传法进行对比,发现遗传法在震源深度和发震时刻的寻优求解结果更好。1988 年,Gendzwill 等[73]和 Prugger 等[97]

将单纯形法引入震源定位计算,单纯形法在全局域内具有搜索速度快和容易收敛的优点。后来我国学者相继对单纯形法进行了应用和优化研究。赵珠等[98]将单纯形法应用于西藏地震定位。Li 等[99]基于 L1 范数统计准则对单纯形法进行了改进,改进后的算法有效提高了震源定位精度。李健等[100]提出了无须测速的单纯形定位方法,有效避免了单纯形法容易陷入局部最优的问题。2009年,陈炳瑞等[101]利用粒子群算法识别微震源位置和速度模型,提出一种微震源定位分层处理方法,解决经典法速度模型不准和联合法解不唯一的问题。宋维琪等[102]基于粒子群算法,提出了一种基于贝叶斯理论的微地震资料差分进化反演算法,通过进化策略改进变异操作方式,有效提高了该方法的全局寻优搜索能力。除此之外,有学者还研究了模拟退火法[103-104]、匹配定位法[105]、引力搜索法[106]、梯度下降法[107-108]、共轭梯度法[109]、变尺度算法[110]等。无论如何,这类方法都是最优化方法,这些方法的原理都是基于 Geiger 法,不可否认的是,这类研究在计算机方面极大地改善了传统 Geiger 法的局限性,在相当长的一段时间内引领了基于到时不同定位算法的潮流。

20 世纪 70 年代,为了解决以往波速和震源参数单独反演带来的不确定性问题,Crosson[111]提出了震源位置与速度结构联合反演震源定位理论(SSH 算法)。SHH 算法不再采用单一波速模型,而是将波速作为未知数进行求解,避免了频繁的波速校验问题,另外还能获取岩体波速信息,近年来被国内外学者广泛关注[112-114]。在 SHH 算法的基础上,Aki 等[115]进一步考虑了地球内部的横向不均匀性,于 1977 年提出了三维速度结构与震源联合反演理论,但由于采用单一的方程组联合反演,对计算机的运行内存要求较高,计算速率受限。随后,Pavlis 等[116]用参数分离的办法对耦合速度和震源参数方程组进行分离求解,解决了 SHH 算法运算量大的问题。紧接着,我国学者刘福田[117]通过引入正交投影算子对 SHH 算法方程组进行参数分离,使与震源有关的方程组变得相容,他还利用矩阵的块结构采用顺序正交三角化的办法改善了计算量,进一步解决了SSH 算法中的诸多问题。赵仲和先生利用 SHH 法修正了北京遥测地震台网的以往定位结果,修正效果良好。2011 年,董陇军等[118]通过计算 6 个检波器以上的到时差并联立方程组求解,提出了一种无须预先测速的震源定位方法,解决了不同时段波速差异问题,该方法的思想与 SSH 算法一致。SSH 算法在天然地震或者地下工程微地震中都被广泛应用[119-120]。SSH 算法最大的优势在于解决了由于波速模型误差对震源定位精度造成的影响,在传统的单一波速模型的基础上提高了震源定位的精度,但因引入速度参量而不可避免地加大了参数与参数间的互相影响和计算工作量。

20 世纪 80 年代,Spence[121]提出了相对定位法。当事件对之间的距离远小于事件到检波器的距离以及速度不均匀时,相对定位法可以消除事件对之间共同区域的速度模型的影响,并且使用互相关算法可以提取高精度的相对走时信息[122],因此相对定位法可以用于地震事件相对位置的精确定位。主事件定位法是相对定位法中发展较早的,也是应用最广泛的方法[123-125]。Grechka 等[124]通过自动加权不同相邻主事件对所求从震源的贡献,以增强相邻主事件的影响,保证从震源的精确定位,并抑制远处的主事件。Fischer 等[126]将主事件法与常规快速定位法在实际数据中进行比较,认为主事件法的结果优于常规快速定位法。主事件法使用到时差来计算相对位置,不仅可以消除共同区域速度模型不准确引起的误差,而且可以使用波形互相关获得高精度的相对走时差。但是主事件位置的准确度会直接影响其他事件群的定位效果。

2000 年,Waldhauser 等[127]在主事件法的基础上提出了双重残差定位法,简称双差法,国内较早研究双差法的学者是张海江教授[128]。双差法优化了主事件法的缺点,双差法不需要预先选取一个已知震源参数的主事件,而是直接通过待定事件组成事件对来进行相对定位。目前,双差法已被广泛应用于天然地震定位[129],近年来也被用于水力压裂微震定位[130],双差法在相对定位精度上比常规定位法提高了至少一个数量级。双差法虽然提高了相对定位精度,但无法避免绝对定位误差,且该方法也是基于 Geiger 法的。

(2)基于波形的偏移定位方法

基于波形的偏移定位方法借鉴了常规地震偏移处理中地震波场延拓与成像的思路[131]。

1982 年,McMechan[132]首先提出了一种通过波场延拓逆推地震震源的方法,后称逆时成像法。逆时成像法通过对接收到的波形进行数值反向传播,利用给定的场模型计算震源位置。Larmat 等[133]利用逆时成像法对洛杉矶盆地非构造地震进行了定位研究,认为选择合适的成像场,如波的发散场、旋度场和能量流场,是成功实现逆时成像定位的关键之一。逆时成像法的成功应用主要依赖于地震台站的充分覆盖、可靠的速度模型和足够的计算资源[134]。基于波形的偏移定位方法是在计算机辅助下新兴的震源定位方法,除了逆时成像外,这类方法还以波形偏移叠加、反投影成像、干涉成像、全波反演、波束形成和相干扫描等形式出现。这类方法与基于到时的方法的最大区别在于,它们不需要进行精确的到时拾取。

对于稀疏台网记录的数据,在已知速度条件下,由于波分量的不完全干涉而具有随机性;对于密集台网记录的数据,在未知速度条件下,由于波的不一致干扰,同样具有随机性。这种随机性会阻碍逆时成像的聚焦。这种情况可以通过在成像过程中使用干涉法来改善[135],即干涉成像法。干涉成像法可以削弱逆时成像时随机波动的干扰,从而产生更清晰的图像。王晨龙等[136]将波动方程逆时聚焦法与干涉成像法相结合,克服了逆时成像法抗噪能力不强的问题。Zou 等[137]采用弹性逆时成像法对相邻的地震对进行定位,取得了良好效果。李振春等[138]将逆时定位与干涉成像条件相结合,提出了井地联合观测的逆时干涉定位算法,该方法在稀疏观测、速度模型不准确的情况下,依然可以较为准确地定位。李青峰等[139]开展了不同信噪比的逆时成像试验研究,提出了分组互相关的方法,该方法有效发挥了互相关和自相关的优势,且避免了单一方法的不足。Huang 等[140]针对干涉成像法中互相关对噪声较为敏感致使互相关后峰值不明显的问题,提出了联合干涉成像和交叉小波变换的方法,该方法考虑了微震信号的非平稳性、强随机性和噪声效应,较传统方法具有较强的鲁棒性。

Kiselevitch 等[141]结合地震层析成像技术,利用空间、时间及检波器间的相似性,提出了波形偏移叠加法。波形偏移叠加法又被称为被动地震发射成像法[142],与主动人工震源地震勘探相反,该方法通过利用地面台网对震源辐射的地震波能量进行逆推聚焦成像,从而找到被动震源。波形偏移叠加法的基本原理与勘探地震学中的绕射叠加相同,即沿着所有可能的震源位置和发震时间的单程旅行时差叠加单个接收器的波形,波形叠加能量最大的点为震源。以往的地震层析成像中常用的叠加算法是 Kirchhoff 绕射叠加算法,Schuster 等[143]认为互相关叠加算法也能在干涉偏移成像中发挥重要作用。互相关叠加算法利用了台站对间的波形互相关结果获取台站间的旅行时差。速度模型的信息有限,该方法大多只使用直达 P 波而不能使用其他到达波,属于局部波形叠加[144]。受天线技术和声学技术的影响,波束成形法在震源定位中也得到了应用[145-147]。

近年来,全波反演法被用于震源定位研究[148-149]。全波反演法的基本原理是找到一个模型,如速度和震源参数模型,使该模型生成的模拟波形与观测波形相匹配,这需要极大的计算量,即便在计算机非常发达的当今,依然需要足够的运行内存才能完成该项计算工作。得益于数据驱动技术,波前成像法也被用来进行震源定位,该方法将波前运动学信息联合逆时模型来进行震源参数估计[150]。波前成像法不仅可以得到震源参数,而且能同时反演速度结构。

综上可知,基于波形的偏移定位方法虽然起源较早,但该方法是从 21 世纪被逐渐发展起来的新兴震源定位方法,该方法最大的优点是不需要精确拾取波形到时。因而,在传统的基于到时的定位方法不能满足要求时,可以选择基于波形的偏移定位方法,目前该方法已在常规地震、油气、矿山工程中得到了应用[151-155]。

（3）基于三分量传感器的定位方法

基于三分量传感器的定位方法,早期被称为单台站法[156],因为该方法只需要一个台站即可对震源进行定位。

1965 年,Flinn[157]给出了基于质点运动信息分析波的传播方向的数学模型。20 世纪 80 年代,Magotra 等[158]基于 Flinn 给出的模型提出了单台站定位方法,其基本原理是通过获取波的传播方向来进行定位分析。为方便论述,本书将这种方法称为三分量定位法。三分量定位法对检波器台网外部事件的定位相对稳定。三分量定位法适合进行小范围监测,当监测距离不断增大时,该方法反演结果的绝对误差会成倍增加。三分量定位法最大的优点就是台站数量少,在检波器布置受限的空间中,可以选择该方法进行震源定位。Kim 等[159-160]采用三分量定位法,仅依靠少量布置在朝鲜半岛的三分量台站便成功反演了朝鲜半岛外海域地震位置。Bayer 等[161]通过少量陆地台站利用三分量定位法对印度洋某地震序列进行反演,获得了该地震序列的时空演化规律。三分量定位法除了用于天然地震,也被用于油气行业[162-163]。三分量检波器除了能获取传播方向外,还能获取极性信息,Xu 等[164]正是利用三分量极性信息优化了偏移成像定位法,并将其应用于水力压裂微震定位中。三分量定位法在深部工程岩爆和地热工程中也有应用[165-167]。

1.5 煤矿水力压裂微震监测存在的主要问题

煤矿井下水力压裂微震监测技术目前主要沿袭冲击地压微震监测技术——犹如 20 世纪 80 年代石油行业沿袭地面地震勘探技术一样,石油行业用了 10 年时间才找到适合石油水力压裂的微震监测方法[168]——冲击地压微震监测技术在煤矿井下水力压裂的实际应用中存在不少局限性[17]。

第一是煤层水力压裂微震响应机制不清晰。目前对煤岩水力压裂的微震响应机制认识不够深入,认为煤岩水力压裂与常规油气压裂或冲击地压一样,在进行微震监测参数设置和结果解释时难免有出入[46]。深入研究和认识煤层、岩层水力压裂的微震响应特征,是进行煤矿井下水力压裂微震监测研究的必要前提。

第二是受限空间微震震源定位问题。煤矿井下水力压裂微震能量不比冲击地压,冲击地压主要为坚硬岩层突然产生断裂所致,所产生的微震信号可被数千米远的检波器监测到,而煤层水力压裂的微震能量非常小[17-18],要想监测到这些小能量微震信号,就必须将检波器布置在靠近压裂地点的巷道内。然而,煤矿井下巷道有限,特别是穿层压裂时(图 1-2),这很大程度上限制了微震检波器的布置,使其无法像地面微震台网一样对监测区域形成良好覆盖。这带来了两方面的限制。一方面,不理想的台网会带来震源求解时的发散性,产生较大的定位误差。针对受限空间问题,程久龙等[169]提出了先对 Geiger 法的系数矩阵进行中心化和行平衡处理再进行正则化求解的方法,该方法在一定程度上解决了方程"病态"问题,使得原本几千米的误差降到了 10 m 左右。尽管如此,这样的结果依然对检波器的布置有着苛刻的要求,如程久龙等[169]总结出的需要对测点布置做线性无关优化,4 个以上的测点不要布置在同一水平面上,测点布置三维方向非等间距,做到无序排列,增大测点之间的安装深度差。另一方面,想要形成良好的检波器布置方式,有些检波器就不得不远离水力压裂点,导致大量小能量事件漏检,也浪费了检波器。因而,能否有方法实现既能将检波器布置在离压裂点较近的巷道内,又能避免台网形态奇异带来的定位求解弊端,是一个值得探索和研究的课题。

1.6　主要研究内容

针对上述两个主要问题,本书所开展的研究内容如下:

① 煤系地层弹性波传播理论及衰减特性研究。煤系地层弹性波传播和衰减理论研究;煤系地层弹性波传播数值模拟研究;煤系地层弹性波传播规律物理试验研究;煤系地层弹性波传播的衰减特性试验研究;煤矿井下水力压裂微震可监测距离及其计算方法研究。

② 煤岩水力压裂声发射响应特征研究。不同煤岩试样真三轴水力压裂声发射试验研究;煤岩水力压裂声发射参数演化规律研究;煤岩介质微观结构特征试验研究,包括 CT 扫描、压汞试验、液氮吸附试验、核磁共振及电镜扫描等;煤岩水力压裂声发射响应机制理论研究。

③ 煤岩水力压裂微震特征识别方法研究。典型煤岩的水力压裂声发射特征参数提取和挖掘研究,包括 MFCC 声学方法;煤岩水力压裂声发射特征参数聚类分析研究;基于微震信号识别的水力压裂破裂层位识别方法研究,包括卷积神经网络算法;基于层位识别的煤矿井下煤层水力压裂微震震源位置修正方法研究。

④ 微震震源三分量极化定位理论及关键技术研究。针对受限空间震源定位问题,采用理论研究方法,借鉴三分量微震原理,提出三分量极化定位方法,论述该方法的物理模型,推导该方法的数学模型,并对三分量极化分析关键技术进行研究,分析三分量极化的影响因素,从而形成三分量极化定位理论模型。

⑤ 微震震源三分量极化定位试验研究。通过建立大型微震监测试验平台,

开发三分量微震监测硬件系统和软件系统,对三分量极化定位方法进行技术转化,并在此基础上开展微震震源三分量极化定位试验研究,验证三分量极化定位方法的有效性,解决受限空间微震震源定位问题。

⑥ 基于以上研究内容,开展工程试验研究,利用微震监测技术对煤矿井下水力压裂范围进行评价。

2　煤系地层弹性波传播理论及其衰减特性

　　煤矿井下水力压裂微震能量小,传播距离有限。横向对比冲击地压和石油压裂微震监测,冲击地压微震传播距离可达数千米,石油压裂微震传播距离也能达到千米级,常规石油压裂检波器与压裂井间距不超过 800 m。但石油压裂采用的是高压甚至超高压(>50 MPa)注水,煤矿井下水力压裂需要考虑安全问题,其注水压力一般为 10~30 MPa,不难看出煤矿井下水力压裂微震能量必然远小于石油压裂微震能量。加之煤系地层波速普遍比致密的石油储层低,微震传播过程能量衰减系数较大,能监测到的微震事件就更少。这涉及弹性波的传播理论及其在煤系地层的衰减特性。更实际地说,目前对于煤矿井下水力压裂微震可监测距离,还没有清晰的概念。传感器仅凭借经验布置,有可能接收不到真正的岩石破裂微震信号,造成传感器的浪费。

　　换句话说,要想获取震源,首先要监测到微震信号。为此,本章先开展煤系地层弹性波传播特性研究,并基于此探索煤矿井下水力压裂微震可监测距离的确定方法,以期为检波器的有效布置提供理论依据,从而更好地获取有效的水力压裂微震信号。

2.1　弹性波传播及衰减基础理论

　　弹性波是应力波的一种,是指煤岩体在外力扰动作用下发生应变从而引起周围质点振动,而弹性波传播指的是这种振动状态向外传递的过程。弹性波在煤系地层传播过程中,一部分能量转化为热能被吸收,另一部分能量在煤岩界面被耗散,从而造成弹性波信号不断减弱,这种现象被称为弹性波衰减。

2.1.1　弹性波控制方程

　　弹性波在介质中的传播,只是介质振动状态的传播,介质本身没有向前运动,它只是在平衡位置附近来回振动,所传播出去的是物质的运动状态,这种运动状态被称为波动[170]。结合弹性力学和固体力学可知,研究弹性波在介质中的传播状态需要通过介质几何形状和机械载荷等求解应力、应变、位移等参数,并依据实际环境条件设置初始值、边界条件以满足未知参量的求解。下面对研究弹性波传播及衰减所需的基本方程进行梳理,以获得弹性波控制方程。

(1)运动微分方程

介质中的任意弹性微元体均存在 3 个主应力和主应变方向,设定弹性微元体在 x、y、z 方向上的 3 个位移分量为 (u,v,w),应力分量为 $(\sigma_x,\sigma_y,\sigma_z,\tau_{xy},\tau_{yz},\tau_{zx})$、应变分量为 $(\varepsilon_x,\varepsilon_y,\varepsilon_z,\gamma_{xy},\gamma_{yz},\gamma_{zx})$,如图 2-1 所示。

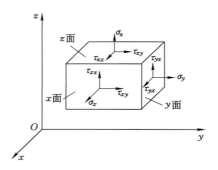

图 2-1　弹性微元体受力图

依据弹性动力学理论假设微元体所受的单位体积力为 F_x、F_y、F_z,则由牛顿力学定律计算可得微元体内任意质点在 x、y、z 方向的运动方程为:

$$\begin{cases} \dfrac{\partial \sigma_x}{\partial x} + \dfrac{\partial \tau_{yx}}{\partial y} + \dfrac{\partial \tau_{zx}}{\partial z} + F_x = \rho\,\dfrac{\partial u^2}{\partial t^2} \\[2mm] \dfrac{\partial \tau_{xy}}{\partial x} + \dfrac{\partial \sigma_y}{\partial y} + \dfrac{\partial \tau_{zy}}{\partial z} + F_y = \rho\,\dfrac{\partial v^2}{\partial t^2} \\[2mm] \dfrac{\partial \sigma_{xz}}{\partial x} + \dfrac{\partial \tau_{yz}}{\partial y} + \dfrac{\partial \sigma_z}{\partial z} + F_z = \rho\,\dfrac{\partial w^2}{\partial t^2} \end{cases} \qquad (2\text{-}1)$$

当微元体处于平衡状态时,位移不随时间变化,即位移场对时间的偏导为零,此时可得平衡微分方程为:

$$\begin{cases} \dfrac{\partial \sigma_x}{\partial x} + \dfrac{\partial \tau_{yx}}{\partial y} + \dfrac{\partial \tau_{zx}}{\partial z} + F_x = 0 \\[2mm] \dfrac{\partial \tau_{xy}}{\partial x} + \dfrac{\partial \sigma_y}{\partial y} + \dfrac{\partial \tau_{zy}}{\partial z} + F_y = 0 \\[2mm] \dfrac{\partial \sigma_{xz}}{\partial x} + \dfrac{\partial \tau_{yz}}{\partial y} + \dfrac{\partial \sigma_z}{\partial z} + F_z = 0 \end{cases} \qquad (2\text{-}2)$$

(2)几何方程

弹性体的应变场分量和位移场分量可用几何方程表示。当弹性体的位移量和变形量较小时,可略去高次项的位移偏导,则有:

$$\varepsilon_x = \frac{\partial u}{\partial x},\varepsilon_y = \frac{\partial v}{\partial y},\varepsilon_z = \frac{\partial w}{\partial z} \tag{2-3}$$

$$\gamma_{xy} = \frac{1}{2}\left(\frac{\partial v}{\partial x}+\frac{\partial u}{\partial y}\right),\gamma_{yz} = \frac{1}{2}\left(\frac{\partial w}{\partial y}+\frac{\partial v}{\partial z}\right),\gamma_{zx} = \frac{1}{2}\left(\frac{\partial u}{\partial z}+\frac{\partial w}{\partial x}\right) \tag{2-4}$$

（3）本构方程

依据弹性力学理论可用本构方程表示应力与应变的关系,这种关系与材料的基本属性有关。对于各向同性的线弹性材料,应力分量与应变分量的表示如下:

$$\begin{cases} \sigma_x = \lambda\Theta + 2\mu\varepsilon_x \\ \sigma_y = \lambda\Theta + 2\mu\varepsilon_y \\ \sigma_z = \lambda\Theta + 2\mu\varepsilon_z \\ \tau_{xy} = \mu\gamma_{xy} \\ \tau_{yz} = \mu\gamma_{yz} \\ \tau_{zx} = \mu\gamma_{zx} \\ \Theta = \varepsilon_x + \varepsilon_y + \varepsilon_z \end{cases} \tag{2-5}$$

式中,λ、μ 为拉梅常数,与介质材料的泊松比 ν 和弹性模量 E 有关;Θ 为体应变。

（4）初始条件和边界条件

在求解弹性波控制方程的过程中需要设置一定的初始条件和边界条件,并通过积分求解偏微分方程组才能得到唯一解。其中,初始条件表示初始时刻 $t = 0$ 时的外力和位移状态。边界条件包括应力边界条件、位移边界条件以及混合边界条件,表示在指定区域边界有外法线的方向导数或者在指定端点有确定的数值。

（5）纳维方程

纳维方程是结合本构方程、几何方程将应力分量和应变分量表示为位移分量。为简化推导,这里用位移矢量 $\boldsymbol{u}$ 来统一表示微元体的位移,即 $\boldsymbol{u} = (ui,vj,wk)$,其中 $\boldsymbol{i}$、$\boldsymbol{j}$、$\boldsymbol{k}$ 分别表示 x、y、z 方向的单位矢量。则纳维方程如下:

$$(\lambda + \mu)\nabla(\nabla \cdot \boldsymbol{u}) + \mu\nabla^2\boldsymbol{u} + \boldsymbol{F} = \rho\frac{\partial^2\boldsymbol{u}}{\partial t^2} \tag{2-6}$$

式中,ρ 为介质材料的密度;$\boldsymbol{F}$ 为体力,$\boldsymbol{F} = (F_x\boldsymbol{i},F_y\boldsymbol{j},F_z\boldsymbol{k})$;$\nabla$ 为梯度算子,表示在空间各方向上的全微分;∇^2 为拉普拉斯算子。

$$\begin{cases} \nabla = \dfrac{\partial}{\partial x}\boldsymbol{i} + \dfrac{\partial}{\partial y}\boldsymbol{j} + \dfrac{\partial}{\partial z}\boldsymbol{k} \\[2mm] \nabla^2 = \dfrac{\partial^2}{\partial x^2} + \dfrac{\partial^2}{\partial y^2} + \dfrac{\partial^2}{\partial z^2} \end{cases} \tag{2-7}$$

将以下恒等式

$$\nabla^2 \boldsymbol{u} = \nabla(\nabla \cdot \boldsymbol{u}) - \nabla \times (\nabla \times \boldsymbol{u}) \tag{2-8}$$

代入式(2-6),然后等式两边同时除以 ρ,可得:

$$\frac{(\lambda + 2\mu)}{\rho}\nabla(\nabla \cdot \boldsymbol{u}) - \frac{\mu}{\rho}\nabla \times (\nabla \times \boldsymbol{u}) + \boldsymbol{F} = \frac{\partial^2 \boldsymbol{u}}{\partial t^2} \tag{2-9}$$

其中,令

$$c_{\mathrm{P}}^2 = \frac{\lambda + 2\mu}{\rho}, c_{\mathrm{S}}^2 = \frac{\mu}{\rho} \tag{2-10}$$

并将式(2-10)代入式(2-9)中,利用下式求散度:

$$\begin{cases} \nabla \cdot [\nabla(\nabla \cdot \boldsymbol{u})] = \nabla^2(\nabla \cdot \boldsymbol{u}) \\[1mm] \nabla \cdot (\nabla \times \nabla \times \boldsymbol{u}) = 0 \end{cases} \tag{2-11}$$

此时有:

$$c_{\mathrm{P}}^2 \nabla^2(\nabla \cdot \boldsymbol{u}) + \nabla \cdot \boldsymbol{F} = \frac{\partial^2}{\partial t^2}(\nabla \boldsymbol{u}) \tag{2-12}$$

由于 $(\nabla \cdot \boldsymbol{u})$ 为标量,表示体积的相对胀缩,所以式(2-12)表示一种以速度 c_{P} 传播的波,即纵波(P 波)。

将式(2-10)代入式(2-9)中,利用下式求旋度:

$$\begin{cases} \nabla \cdot [\nabla(\nabla \cdot \boldsymbol{u})] = 0 \\[1mm] \nabla \times (\nabla \times \nabla \times \boldsymbol{u}) = -\nabla^2(\nabla \times \boldsymbol{u}) \end{cases} \tag{2-13}$$

此时有:

$$c_{\mathrm{S}}^2 \nabla^2(\nabla \times \boldsymbol{u}) + \nabla \times \boldsymbol{F} = \frac{\partial^2}{\partial t^2}(\nabla \times \boldsymbol{u}) \tag{2-14}$$

由于 $\nabla \times \boldsymbol{u}$ 为矢量,对应线源的微小旋转,所以式(2-14)表示一种以速度 c_{S} 传播的波,即横波(S 波)。

(6)弹性波控制方程

弹性波传播的数值模拟需要一个控制方程。利用有限元方法求解弹性波动方程的思路为:将连续的、无限的几何体离散为有限的网格单元节点,通过构造节点处的位移、应力和应变函数求解质点的运动方程。

在平面几何结构中,离散网格单元一般划分为三角形或者四边形网格。这里以三角形网格为例进行说明,如图 2-2 所示。图中网格节点用 i、j、k 表示, u、v 为 x 方向和 y 方向的位移分量。

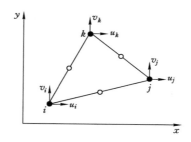

图 2-2　三角形网格单元示意图

二阶网格单元中任意节点的位移分量可以用线性函数表示,此时

$$\begin{cases} u = a_1 + a_2 x + a_3 y \\ v = a_4 + a_5 x + a_6 y \end{cases} \quad (2\text{-}15)$$

式中,x、y 为横纵坐标;$a_n(n=1,2,\cdots,6)$ 为常量。

结合图 2-2 可得节点 $m(\ m=i,j,k)$ 处的位移分量为:

$$\begin{cases} u_m = a_1 + a_2 x_m + a_3 y_m \\ v_m = a_4 + a_5 x_m + a_6 y_m \end{cases} \quad (2\text{-}16)$$

将式(2-16)代入式(2-15)可得平面几何中三角形网格单元的位移函数:

$$\begin{cases} u = N_i u_i + N_j u_j + N_k u_k \\ v = N_i v_i + N_j v_j + N_k v_k \end{cases} \quad (2\text{-}17)$$

式中,N_i、N_j、N_k 为单元位移形函数,表达式为:

$$N_m = \frac{1}{2A}(a_m + b_m x + c_m y) \quad (2\text{-}18)$$

式中,A 表示三角形网格单元的面积。

将式(2-17)和式(2-18)结合,并写成矩阵形式:

$$\boldsymbol{u} = \begin{bmatrix} N_i & 0 & N_j & 0 & N_k & 0 \\ 0 & N_i & 0 & N_j & 0 & N_k \end{bmatrix} \begin{bmatrix} u_i \\ v_i \\ u_j \\ v_j \\ u_k \\ v_k \end{bmatrix} = \boldsymbol{Nd} \quad (2\text{-}19)$$

结合几何方程中的应变公式和式(2-19)可求得网格单元的应变张量,表达式为:

$$\boldsymbol{\varepsilon} = \boldsymbol{Bd} \tag{2-20}$$

式中,$\boldsymbol{B}$ 表示网格单元的应变矩阵,表达式为:

$$\boldsymbol{B} = \frac{1}{2A} \begin{bmatrix} b_i & 0 & b_j & 0 & b_k & 0 \\ 0 & c_i & 0 & c_j & 0 & c_k \\ c_i & b_i & c_j & b_j & c_k & b_k \end{bmatrix} \tag{2-21}$$

结合本构方程中的应力、应变公式、胡克定律及式(2-21)可得到应力和位移的关系式:

$$\boldsymbol{\sigma} = \boldsymbol{Sd} \tag{2-22}$$

式中,$\boldsymbol{S} = \boldsymbol{DB}$,为网格单元的应力矩阵,其中 $\boldsymbol{D}$ 为弹性矩阵。

依据虚功等效原则将原外力载荷转化为网格单元节点处的等效荷载,则网格单元节点处的外力表达式为:

$$\boldsymbol{F} = \iint \boldsymbol{B}^{\mathrm{T}} \boldsymbol{X} \mathrm{d}x\,\mathrm{d}y\boldsymbol{d} \tag{2-23}$$

若考虑惯性力,则有限元形式的弹性波动方程为:

$$\boldsymbol{F} = \boldsymbol{Kd} + \boldsymbol{M\ddot{d}} \tag{2-24}$$

式中,$\boldsymbol{K} = \boldsymbol{B}^{\mathrm{T}} \boldsymbol{S} \mathrm{d}x\,\mathrm{d}y$,表示网格单元的刚度矩阵;$\boldsymbol{M}$ 表示总质量矩阵。通过数值求解式(2-24)即可得到外力载荷在介质材料中产生的弹性波场。

基于式(2-24)得到外力载荷作用下的弹性波场,结合速度与应力的关系对弹性波场中的纵波场和横波场进行解耦分离,分别分析纵波和横波的速度场和应力场。由此,有弹性波方程:

$$\rho \ddot{u}_i = \sigma_{ij,j} \tag{2-25}$$

其中,$\sigma_{ij,j}$ 为张量形式,表示 σ_{ij} 对 j 变量求偏导数。

$$\sigma_{ij} = c_{ijkl} \varepsilon_{ij} \tag{2-26}$$

$$\varepsilon_{ij} = \frac{1}{2}(u_{i,j} + u_{j,i}) \tag{2-27}$$

式中,ρ 为介质密度;u_i 为质点位移场;$\ddot{u}_i$ 为质点位移场的二阶偏导数;σ_{ij}、ε_{ij} 为质点的应力和应变;c_{ijkl} 为刚度矩阵。该矩阵与介质相关,共有 81 个参数,在各向异性介质中有 21 个独立参数,在均匀各向同性介质中,刚度矩阵可由 2 个独立变量和拉梅常数 λ、μ 表示。

另外,外载荷作用时的应力场为:

$$\sigma_{ij} = \lambda\theta\delta_{ij} + 2\mu\varepsilon_{ij} \tag{2-28}$$

式中，δ_{ij} 为狄利克雷函数；θ 为体应变，即径向应变。

将式(2-28)代入式(2-25)可得：

$$\begin{cases} \rho\ddot{u}_i = (\lambda\theta\delta_{ij} + 2\mu\varepsilon_{ij})_{,j} \\ \ddot{u}_i = \dfrac{\lambda+2\mu}{\rho}(\theta\delta_{ij})_{,j} + \dfrac{\mu}{\rho}(2\varepsilon_{ij} - 2\theta\delta_{ij})_{,j} \end{cases} \tag{2-29}$$

将应变 ε 和位移 $\boldsymbol{u}$ 的方程进行组合得到式(2-29)。式中第一项和第二项分别为纵波传播项和横波传播项。

在二维条件下，$i,j=1,2$，此时有如下应力-应变关系：

$$\varepsilon_{ij} = -\frac{\lambda}{2\mu(2\lambda+2\mu)}\sigma_\theta\delta_{ij} + \frac{1}{2\mu}\sigma_{ij} \tag{2-30}$$

式中，σ_θ 为体应力，即径向应力。

将式(2-30)代入式(2-29)，将方程拆分为纵波项和横波项，并将弹性波位移场转化为速度场，即可得到纵横波场解耦的一阶速度-应力方程。

P 波：

$$\dot{c}_{Pi} = \frac{\lambda+2\mu}{\rho}(\varepsilon_{kk})_{,i} = \frac{\lambda+2\mu}{\rho(2\lambda+2\mu)}(\sigma_{ii}+\sigma_{jj})_{,i} \tag{2-31}$$

式中，$\dot{c}_{Pi}$ 表示 i 方向纵波波速的一阶导数；ε_{kk} 为二维条件下体应变；σ_{ii} 为 i 方向的应力；σ_{jj} 为 j 方向的应力。

S 波：

$$\dot{c}_{Si} = \frac{\mu}{\rho}\left[\frac{1}{\mu}\sigma_{ii,j} - \frac{\lambda+2\mu}{\mu(2\lambda+2\mu)}\sigma_{ij,i}\right] \tag{2-32}$$

式中，$\dot{c}_{Si}$ 表示 i 方向横波波速的一阶导数。

总速度场为 P 波场和 S 波场的和，即：

$$\dot{c}_i = \dot{c}_{Pi} + \dot{c}_{Si} \tag{2-33}$$

式(2-31)、式(2-32)、式(2-33)即二维条件下弹性波场解耦的一阶速度传播公式。从公式的推导过程可以看出，纵波和横波的波场分离公式是将速度-应力方程中的质点速度项根据纵波和横波的速度解耦为两项，两项的和为总波场。

2.1.2　弹性波反射与透射

微震震源定位精度主要受介质速度模型假设的影响。通常假设介质模型为均匀各向同性，采用单一速度模型，但是实际地层速度模型的不确定性和介质各向异性会增加震源定位误差，所以需要考虑弹性波在层状介质中的反射、折射、透射等情况。

如图 2-3 所示,层状介质中层间不连续界面改变了弹性波的传播路径。根据弹性波理论,设入射波、透射波与界面法线方向的夹角分别为 θ_1、θ_2,入射波、透射波所在介质的纵波波速分别为 v_1、v_2,则有:

$$\frac{\sin \theta_1}{\sin \theta_2} = \frac{v_1}{v_2} \tag{2-34}$$

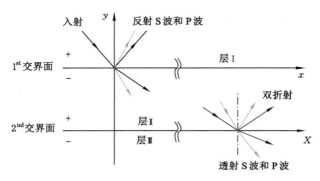

（a）二维中的波反射、折射

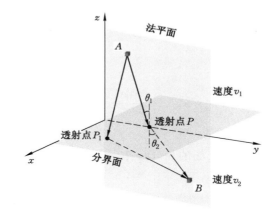

（b）三维体中的波透射

图 2-3　层状介质中弹性波传播示意图

三维空间中点 A、B、P 坐标分别为 (x_1, y_1, z_1)、(x_2, y_2, z_2) 和 (x_0, y_0, z_0),则 A、B 两点间弹性波的传播时间为:

$$t_{AB} = \frac{\sqrt{(x_1-x_0)^2+(y_1-y_0)^2+(z_1-z_0)^2}}{v_1} +$$

$$\frac{\sqrt{(x_2-x_0)^2+(y_2-y_0)^2+(z_2-z_0)^2}}{v_2} \tag{2-35}$$

式(2-34)、式(2-35)表明利用分层波速模型来模拟直达波和折射波的传播,能更准确地描述煤系地层中弹性波传播及衰减规律,结合射线追踪算法[171]、多模板快速推进法(MSFM)[172]、地震波最小走时面法(TDR)[173]等处理微震事件,研究弹性波频散及衰减的影响对于微震定位有重要意义。

2.1.3 吸收衰减与散射衰减

弹性波衰减是指介质中的弹性波随着传播距离增加,信号能量逐渐减弱,主要包括吸收衰减、散射衰减。弹性波在介质中传播时,由介质中质点间热传导与内摩擦引起的衰减被称为吸收衰减。当弹性波接触到介质属性不同的界面时会发生散乱反射,所引起的衰减现象被称为散射衰减。

(1) 吸收衰减

对于气体介质和液体介质,吸收衰减主要由热传导和黏滞性引起。对于固体介质,其内部存在着不同属性的矿物颗粒,这些颗粒与孔隙、裂隙表面发生相对摩擦造成能量损耗,使弹性波出现衰减。

内摩擦引起的能量消耗可以用 $\Delta E/E_0$ 表示,其中 E_0 为介质达到最大应变时的能量,ΔE 为应力加载一个周期所耗散的能量。而品质因子 $Q=2\pi E_0/\Delta E$,表示弹性波传播一个波长时的内能变化程度。对于内摩擦越大的介质,其 Q 值越小,能量耗散也就越快。

弹性波在黏弹性介质中传播的振幅方程为 $A(x)=A_0 e^{-\alpha x}$,即弹性波随传播距离的增加呈指数形式衰减。根据 Futterman[174] 的定义,吸收衰减系数 α 为传播路径中起点与终点的振幅比:$\alpha=(1-\Delta x)\ln(A(x)/A_0)$。结合品质因子计算式有 $\alpha=\omega/(2Qv)$,其中 ω 为角频率,v 为波速。该式说明吸收衰减系数与弹性波频率正相关,即随着频率增加,吸收衰减系数也增加。另外一种常用的衰减系数 β 定位为子波在一个波长内振幅衰减的分贝数,即 $\beta=20(1/\Delta x)\lg(A(x)/A_0)$,则有 1 Np$=20/(\ln 10)=8.686$ dB。

目前弹性波在介质材料中的吸收衰减研究依赖于频率响应范围,不同实验室测量方法(例如波传播法、自由振动法、强迫振动法等)的适应频率范围不同,且低频范围内的衰减测量误差较大。

（2）散射衰减

弹性波在层状介质中传播时其能量一部分被吸收，另一部分在介质层界面发生散乱反射。根据惠更斯-菲涅耳原理，对于初始震源产生的球面波，任意时刻波前阵面上的任意一点可视为一个新的点源，即次波震源。

次波震源产生二次扰动形成新的波前阵面，这些新波前相互叠加形成传感器监测点的总扰动，惠更斯-菲涅耳原理如图 2-4 所示。介质界面的散射现象导致波在不同方向传播的能量消耗不同，散射衰减参数表现出各向异性特征。

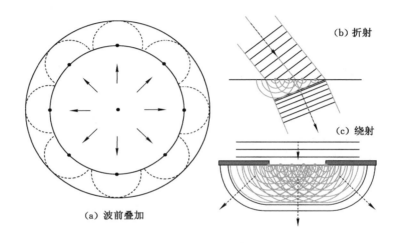

（b）折射

（c）绕射

（a）波前叠加

图 2-4　惠更斯-菲涅耳原理

散射波的衰减主要与介质材料的非连续性与波长的关系有关。假设初始震源 O 点的振幅为 ϕ_0，则球面波在距离震源 r_1 位置处 P 点的初次扰动函数为 $\psi(r_1) = \phi_0 e^{ikr_1}/r_1$，其中波数 $k = 2\pi/\lambda$，λ 为波长。结合波的叠加原理得到初始震源产生次波扰动后，在距离次波震源 r_2 位置处 M 点的波前扰动为：

$$\psi(r) = \frac{i\psi(r_1)}{\lambda} \int_s \frac{e^{ikr_2}}{r_2} K(\theta) \mathrm{d}S \tag{2-36}$$

式中，θ 为入射角；$\mathrm{d}S$ 表示波前阵面的积分；r 为初始震源 O 点到 M 点的距离，可由余弦定理求得 $r = \sqrt{r_1^2 + r_2^2 - 2r_1 r_2 \cos(\pi - \theta)}$；$K(\theta)$ 表示倾斜因子，为修正项，表达式为 $K(\theta) = (1 + \cos\theta)/2$。

散射波场是入射波传播到不同波速介质中产生的波场，包括一次直达散射波和二次及多次散射波。因此对于不同尺度的散射波场（如前向散射、后向散射、瑞利散射等）需根据实际传播模式分析。

2.1.4 Biot 理论中的频散及衰减

依据 Biot 理论[175]，假设弹性波场与时间存在 $\mathrm{e}^{-i\omega t}$ 的函数关系，则对于均匀各向同性的多孔介质，弹性波场的控制方程可以表示为：

$$\begin{cases} -\rho\omega^2 \boldsymbol{u}_s - \rho_f \omega^2 \boldsymbol{w}_f = \nabla \cdot \boldsymbol{\tau} + \boldsymbol{f} \\ \boldsymbol{\tau} = (H - 2G)(\nabla \cdot \boldsymbol{u}_s)\boldsymbol{I} + C(\nabla \cdot \boldsymbol{u}_f)\boldsymbol{I} + G(\nabla \cdot \boldsymbol{u}_s + \nabla \cdot \boldsymbol{u}_s^{\mathrm{T}}) \\ -p = C\nabla \cdot \boldsymbol{u}_f + M\nabla \cdot \boldsymbol{u}_f \\ -i\omega\boldsymbol{u}_f = (-\nabla p + \rho_f\omega^2 \boldsymbol{u}_f)\kappa/\eta \end{cases} \tag{2-37}$$

式中，ρ 表示介质材料的平均密度，$\rho = (1-\phi)\rho_s + \phi\rho_f$，其中 ρ_s 为固体密度。ϕ 为孔隙度，ρ_f 为流体密度；ω 为角频率；$\boldsymbol{u}_s$，$\boldsymbol{u}_f$ 分别为固体和流体的位移矢量；$\boldsymbol{\tau}$ 为应力张量；$\boldsymbol{f}$ 为外作用力；H、C、M 为多孔介质的弹性参数，与固体和流体的体积模量 K_s、K_f 以及固体骨架的体积模量 K_d 有关，见式（2-36）；G 为固体骨架的剪切模量；$\boldsymbol{I}$ 为单位矩阵；p 为流体压力；κ 和 η 分别为渗透率和流体黏度。

$$\begin{cases} H = K_d + 4G/3 + \alpha^2 M \\ C = \alpha M \\ M = \dfrac{K_s K_f}{\phi K_s + (\alpha - \phi)K_f} \\ \alpha = 1 - K_d/K_s \end{cases} \tag{2-38}$$

弹性波在多孔介质中传播时，其频率与渗透率有关，当弹性波频率处于高频段时，固体与流体之间会存在黏性薄层界面，此时薄层内以切应力为主导，薄层外以惯性为主导，薄层上下界面的相对位移为零；当弹性波频率处于低频段时，孔隙中流体因黏滞性切应力的存在呈局部抛物线形。其中，黏性薄层界面的厚度与频率的函数关系为 $h = \omega^{-1/2}$，即薄层的厚度随频率的增加而减少。Johnson 等[176]统一了高频段和低频段时的情况，两者的临界频率 ω_J 为：

$$\omega_J = \frac{\phi\eta}{\rho_f \alpha_\infty \kappa_0} \tag{2-39}$$

式中，η 为流体黏度；α_∞ 为孔隙弯曲度；κ_0 为达西渗透率。式（2-39）表明，当弹性波频率达到临界频率 ω_J 时，出现黏性薄层界面。

2.2 典型煤岩声学参数测试

2.2.1 典型煤岩波速测试

弹性波速度是微震监测定位、波形反演等的重要参数之一，我们对 20 组煤样和 20 组砂岩试样进行了波速测试,进而探究煤层和岩层的波速差异性。试验采用三种波速测试方法(图 2-5)对试样进行波速测试,分别是脉冲透射法、AST测试法以及声波透射法,这 3 种方法的基本原理均为通过激发稳定的震源信号让传感器接收波形信号,再通过两个传感器的距离和信号到时差计算波速。

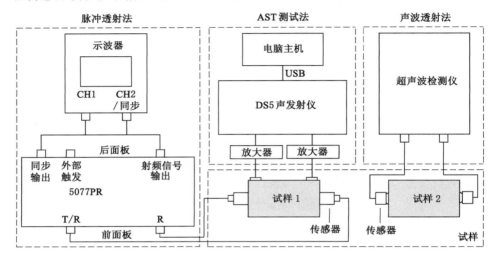

图 2-5　波速测试示意图

波速测试系统均包括信号发射探头、接收探头等,如图 2-5 所示。为了减小测试数据的系统误差,提高试验结果的可靠性,需在探头与试样的接触面涂抹耦合剂。为避免自动到时拾取程序造成的数据误差,需编写直达波峰值识别代码,再利用到时拾取程序计算波速。直达波峰值识别代码如下:

```
% 使用 MATLAB 拾取直达波波形峰值,计算到达时间。
% findpeak 函数
data=load('sensor1.txt');
wave=data(:,2);
cd=length(wave);
n=cd/101;
peaka=[];
for j=1:n
    m=(j-1)*100+j;
    mcd=m+100;
    for i=m:mcd
```

```
        if wave(i)<=wave(i+1)
        peakb=wave(i+1);
else
            peakb=wave(i);
            break
        end
        end
        peaka(end+1)=peakb;
end
```

2.2.2 声学参数特性分析

为了探究煤岩试样的声学参数特性,我们还测得了试样的密度。图 2-6 所示为典型煤岩试样的波速-密度数据和两者关系的拟合曲线,从图中可以看出,波速与试样密度存在指数函数关系,即随着试样密度的增加,波速呈上升趋势,且低密度区域的波速增长率较高密度区域的更快。经计算煤样的平均波速约为 1 390 m/s,砂岩样的平均波速为 2 644 m/s,即煤样波速相比于砂岩样波速普遍更低,两者的波速差值为 1 254 m/s。这是由于煤样内部存在天然孔隙和裂隙(图 2-7),弹性波传播过程中出现能量耗散。结合波速测试结果及煤样的微观结构可知,煤样内部的结构面较发育,弹性波发生了多次绕射,这个过程延长了

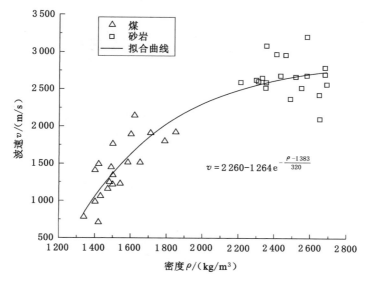

图 2-6　典型煤岩波速与密度关系

$$v = 2\,260 - 1\,264\,\mathrm{e}^{-\frac{\rho-1383}{320}}$$

弹性波的传播时间,导致波速较小。而砂岩样普遍致密性较好,内部矿物颗粒联结紧密,信号传播过程中能量衰减较少,且弹性波的绕射次数也较少,所以砂岩样波速普遍较高。

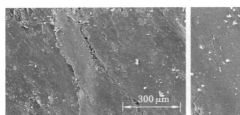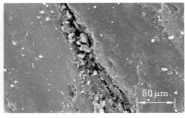

图 2-7 煤样电镜扫描图

为进一步对比煤样和砂岩样的弹性波衰减特性,我们对接收到的信号波形和原始激发波形进行处理得到衰减系数 β,并利用初始信号的幅值衰减得到品质因子 Q,衰减系数 β 与品质因子 Q 的关系如图 2-8 所示。由图可以发现,随着品质因子的增加,衰减系数逐渐减小,即对能量传递的抵抗逐渐减小。对比煤样和砂岩样的衰减系数发现,煤样的衰减系数为 $2.19\sim2.68$ dB/cm,平均值为 2.35 dB/cm,砂岩样的衰减系数为 $1.35\sim1.81$ dB/cm,平均值为 1.57 dB/cm。煤样与砂岩样的平均衰减系数相差 0.78 dB/cm。

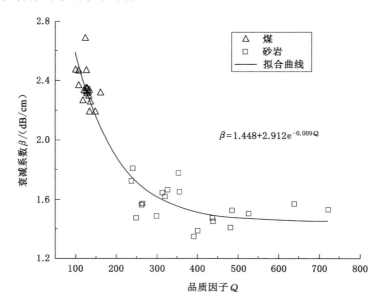

图 2-8 典型煤岩弹性波传播衰减系数与品质因子的关系

2.3 煤系地层弹性波传播及衰减数值试验

煤系地层属于典型的层状介质,煤岩之间的界面效应会影响弹性波的传播路径以及能量变化。探索层间界面对弹性波传播及衰减的作用机制,是建立分层波速模型和微震台网布置的理论前提。

2.3.1 材料几何模型以及约束

数值模型采用的地层参数依据重庆石壕煤矿建立,表 2-1 为模型材料基本属性信息,其中 M6 煤层顶板和底板均为砂质泥岩;M7 煤层顶板为石灰岩,底板为砂质泥岩;M8 煤层顶板和底板均为薄泥岩层,M8 煤层底板下为细砂岩层。

表 2-1 模型材料基本属性

名称	厚度/m	基本力学参数		
		密度 ρ /(kg/m³)	弹性模量 E/GPa	泊松比 ν
石灰岩 1	1.34	2 730	11.34	0.21
粉砂岩 1	1.48	2 665	12.2	0.18
砂质泥岩 1	2.20	2 510	5.425	0.147
M6 煤层	0.93	1 390	2.3	0.31
砂质泥岩 2	2.35	2 530	10.85	0.15
石灰岩 2	1.55	2 800	10.69	0.18
M7 煤层	2.05	1 370	3.15	0.3
砂质泥岩 3	1.90	2 549	14.53	0.27
粉砂岩 2	3.28	2 680	10.08	0.2
泥岩 1	0.52	2 250	5.8	0.28
M8 煤层	2.48	1 420	2.4	0.29
泥岩 2	0.38	2 437	6.9	0.23
细砂岩	6.88	2 597	27	0.21

整体几何模型长 60 m、高 27.34 m,底边中心为坐标原点,并设置为底板巷测点,如图 2-9 所示。在几何模型内部设置若干监测点,分散布置在介质层内,相邻监测点距离为 0.5~2.0 m,以监测和记录该点处的弹性波波形信息。

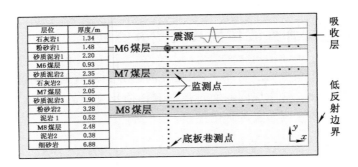

图 2-9　数值模拟几何模型

模型边界施加了两个条件：一个是表示速度连续性的运动学条件，另一个是表示应力连续性的动力学条件。在模型四周边界添加 1.5 倍波长的吸收层以模拟弹性波在无限域中的传播，其中，吸收层中的控制方程为：

$$M\,\frac{\partial^2 \boldsymbol{u}}{\partial t} + \boldsymbol{C}^*\,\frac{\partial \boldsymbol{u}}{\partial t} + \boldsymbol{K}^*\,\boldsymbol{u} = \boldsymbol{F} \qquad (2\text{-}40)$$

式中，$\boldsymbol{M}$ 为质量矩阵；$\boldsymbol{F}$ 为外力载荷；$\boldsymbol{u}$ 为位移矢量；$\boldsymbol{C}^*$（$\boldsymbol{C}^* = \eta \boldsymbol{M}$）和 $\boldsymbol{K}^*$（$\boldsymbol{K}^* = \varsigma \boldsymbol{K}$）分别为阻尼矩阵和刚度矩阵，$\eta$ 和 ς 分别为质量比例阻尼系数和刚度折减系数。

另外，吸收层与模型外部边界采用低反射边界条件，以减少物理域中的非物理反射波对试验结果的影响。低反射边界条件取相邻域的材料参数，因此在低反射边界处有：

$$\boldsymbol{\sigma} \cdot \boldsymbol{n} = -\rho c_{\mathrm{P}} \left(\frac{\partial \boldsymbol{u}}{\partial t} \cdot \boldsymbol{n} \right) \boldsymbol{n} - \rho c_{\mathrm{S}} \left(\frac{\partial \boldsymbol{u}}{\partial t} \cdot \boldsymbol{\tau} \right) \boldsymbol{\tau} \qquad (2\text{-}41)$$

式中，$\boldsymbol{n}$ 和 $\boldsymbol{\tau}$ 分别是边界处的单位法向量和切向量；c_{P} 和 c_{S} 分别是介质材料中的纵波速度和横波速度；$\boldsymbol{\sigma}$ 为边界应力；ρ 为介质密度。低反射边界处的阻抗匹配由纵波和横波创建，为：

$$\begin{cases} \boldsymbol{\sigma} \cdot \boldsymbol{n} = -\boldsymbol{d}_i (\rho, c_{\mathrm{P}}, c_{\mathrm{S}}) \dfrac{\partial \boldsymbol{u}}{\partial t} \\[2mm] \boldsymbol{d}_i = \rho\,\dfrac{c_{\mathrm{P}} + c_{\mathrm{S}}}{2}\,\boldsymbol{I} \end{cases} \qquad (2\text{-}42)$$

式中，阻抗 $\boldsymbol{d}_i$ 为输入的对角线矩阵；$\boldsymbol{I}$ 为单位矩阵。

考虑到层间界面对弹性波传播的影响，模型内边界因材料属性不同设置"材料不连续性"，以模拟弹性波在层状介质中的吸收衰减和散射衰减。在层状介质

中,分别在结构边界上下部分设置压力变量,则有:

$$\begin{cases} -\dfrac{1}{\rho_c}(\nabla p_t - q_d)_{up} = u_{tt} \\ -\dfrac{1}{\rho_c}(\nabla p_t - q_d)_{down} = u_{tt} \\ F_A = p_{t,down} - p_{t,up} \end{cases} \tag{2-43}$$

式中,ρ_c 为结构密度;p_t 为总声压;q_d 为声偶极子域声源;u_{tt} 为结构加速度;F_A 为作用在结构上的载荷(每单位面积的力)。

在 $t = 0$ 时刻,岩体内各点各方向的速度分量和位移分量皆为零。

2.3.2 弹性波激发及边界条件

2.3.2.1 雷克子波

弹性波在非均质线弹性材料中的传播模拟基于弹性波动方程,在进行数值模拟试验的过程中,设置层状介质中震源所产生的弹性波是雷克子波,如式(2-44)所示,通过数值计算和分析可以得到监测点的速度、位移等参数的频散及衰减信息。

$$G(t) = 2 \times 10^7 \left[1 - 2\pi^2 f_0^2 (t - t_0)^2\right] e^{-[\pi f_0(t-t_0)]^2} \tag{2-44}$$

式中,f_0 表示雷克子波的主频率,为 170 Hz;t_0 是发震时刻,为 6 ms;雷克子波 $G(t)$ 激励于 M6 煤层中点 $(x_0, y_0) = (0, 22\ \text{m})$ 处,峰值为 20 MPa,震源波形如图 2-10(a)所示。

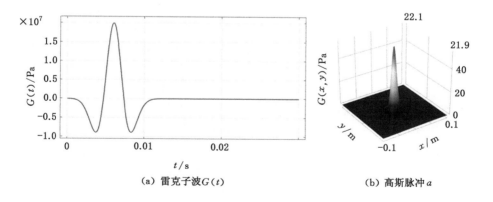

(a) 雷克子波 $G(t)$　　　　　　(b) 高斯脉冲 a

图 2-10　点 (x_0, y_0) 处的雷克子波

在数值模拟过程中,(x_0, y_0) 处的点载荷要作为体载荷才能有效施加到物理场中。从理论上讲,在域级别上施加的载荷必须与狄拉克 δ 成正比才能等同

于点载荷,即:

$$F(t) = G(t) \cdot \delta(x - x_0, y - y_0) \tag{2-45}$$

式中,$F(t)$ 表示体载荷;$G(t)$ 为雷克子波;$\delta(x, y)$ 为幅度相对较小的高斯脉冲 a。其中的一个狄拉克 δ 表示为:

$$\delta(x - x_0) = \lim_{a \to \infty} \frac{1}{\sqrt{\pi a^2}} e^{-\left(\frac{x - x_0}{a}\right)^2} \tag{2-46}$$

这表示震源激励是通过具有时间部分和空间部分的乘积形式的域源来描述的。通过设置点 (x_0, y_0) 处的狄拉克 δ 创建一个二维高斯函数,如图 2-10(b)所示。

在数值求解过程中,要求解析的最小波长 $\lambda_{\min}$ 的最大网格单元大小不超过 $2\lambda_{\min}/3$。最小波长 $\lambda_{\min}$ 与震源的主频率 f_0 有关,结合雷克子波的频域计算公式有:

$$G(f) = \frac{2f^2}{\sqrt{\pi} f_0^3} e^{-\left(\frac{f}{f_0}\right)^2} \tag{2-47}$$

其中雷克子波的上限截止频率为 $3f_0$,在数值模拟过程中,选择 $2f_0$ 对应最小波长 $\lambda_{\min}$ 能在保证仿真精度的同时最快地模拟数值计算过程。由此,划分的网格的最小单元质量为 0.397 9,共划分了 10 907 个三角形网格单元,所采取的关键时间步长为 1 ms。

2.3.2.2 多场耦合

研究通过改变震源及介质层参数和传感器位置对煤系地层中的弹性波传播进行数值模拟,结合式(2-44)的雷克子波震源模拟破裂声场和固体应力场的定量演化过程。

通过全耦合方法求解声学和固体力学中的偏微分方程组,达到更高的耦合精度。全耦合求解从初值开始,利用 Newton-Raphson 方法迭代求解直到达到收敛精度。在进行迭代求解问题时通过收敛图验证数值模型的准确性,理想情况下误差估算会随着迭代次数单调下降,进而分析多物理场的耦合情况。通过有限元方法离散化各物理场的控制方程,并结合线性 Navier-Stokes 方程研究弹性波的频散及衰减情况。

声学耦合场中模型介质层单元的位移表达式为:

$$\boldsymbol{u} = \boldsymbol{N}\boldsymbol{q} \tag{2-48}$$

式中,$\boldsymbol{u}$ 为位移矢量;$\boldsymbol{N}$ 为形函数;$\boldsymbol{q}$ 为节点加速度向量。

不考虑阻尼项时的弹性波控制方程表达式为:

$$\boldsymbol{M}\boldsymbol{q} + \boldsymbol{K}\boldsymbol{q} = \boldsymbol{F} \tag{2-49}$$

式中,$\boldsymbol{F}$ 表示作用力向量;$\boldsymbol{M}$ 表示总体质量矩阵;$\boldsymbol{K}$ 表示总体刚度矩阵。

因为模型初始的速度矢量 $v_0 = 0$，依据 Navier-Stokes 方程可以推导出：

$$\begin{cases} \dfrac{\partial \rho}{\partial t} + \nabla \cdot (\rho v) = M_1 \\[2mm] \rho \dfrac{\partial v}{\partial t} = \nabla \cdot \sigma + F_1 \\[2mm] \rho c_p = \left[\dfrac{\partial T}{\partial t} + v \cdot \nabla T\right] - \alpha_p T \left[\dfrac{\partial \sigma}{\partial t} + v \cdot \nabla \sigma\right] = \nabla \cdot (\kappa \nabla T) + Q_1 \end{cases} \tag{2-50}$$

式中，第一个方程表示质量守恒，第二个方程表示动量守恒，第三个方程表示能量守恒。其中，ρ 表示介质密度，它是关于空间、时间和应力状态的函数；v 为介质微元的速度矢量；M_1 为可能的质量源；σ 为总应力张量；F_1 是可能的体积力源；c_p 为恒压比热容；Q_1 表示可能的热源；κ 为导热系数；α_p 为等压热膨胀系数。进一步地，考虑到波传播过程是一个非常快的过程，这时认为系统中的热力过程为等熵过程，且黏度和导热系数可以忽略不计，将式（2-50）变换到频域来分析，也就是将时间导数替换成 $i\omega$，可得：

$$\begin{cases} i\omega\rho + \nabla \cdot (\rho v) = M_1 \\[1mm] i\omega\rho v = \nabla \cdot \sigma + F_1 \\[1mm] \rho c_p [i\omega T + v \cdot \nabla T] - \alpha_p T [i\omega\sigma + v \cdot \nabla \sigma] = Q_1 \end{cases} \tag{2-51}$$

在利用全耦合求解偏微分方程组的过程中，该方程可求解时域或频域中的弹性波场变化。

2.3.3　数值模拟结果分析

数值模型以重庆石壕煤矿地层参数进行赋值处理（表 2-1），震源处加载式（2-45）的雷克子波，采用广义 α 数值计算方法求解弹性波动方程得到的煤系地层弹性波传播时质点在 x 方向上的位移变化如图 2-11 所示。

从波形的演化过程发现，煤系地层中的弹性波传播较复杂，在不同煤层中波形幅值差异较大，图 2-11 表示不同煤层在同一垂直距离上接收到的信号波形，每1 000 个采样点为一组波形数据。其中 M6 煤层距离震源最近，振幅最大，但振幅的衰减速率也最快，其次是 M7 煤层、M8 煤层和底板巷。对比分析不同煤层中的波形发现，信号幅值呈指数衰减，衰减梯度随着煤层与震源的距离增加而逐渐减小。

结合费马原理和弹性波动理论可得，层状介质中不连续界面发生的反射、透射等现象使得弹性波信号波形在 M7 煤层、M8 煤层及底板巷的幅值降低，交界面处的能量产生损耗。进一步深入分析穿层（y 方向）和顺层（x 方向）煤岩层中监测信号速度场和应力场各分量的衰减情况，下面分开论述。

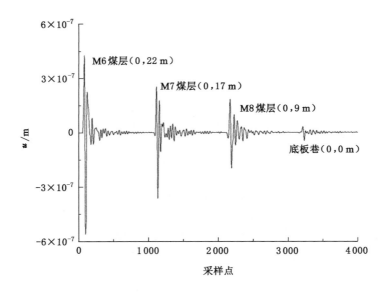

图 2-11　各煤层监测点在 x 方向上的位移变化

（1）弹性波速度场衰减规律

层状介质中的弹性波传播受监测距离、层间界面、频率等因素的影响。弹性波幅值随传播距离的变化主要来源于界面散射衰减和介质吸收衰减，前者与传播距离 d 成反比，后者与距离 d 呈负指数的关系，监测点拾取到的弹性波速度值可由下式表示：

$$v_{ij} = v_0 \mathrm{e}^{-\gamma d_{ij}} / d_{ij} \tag{2-52}$$

式中，v_{ij} 表示 i 方向监测点 j 记录的幅值；v_0 为震源处的振动速度；γ 为吸收衰减系数；d_{ij} 为震源至监测点的距离。

弹性波在测点处的振动速度与能量的关系用动能 $E_{k,ij}$ 表示为：

$$E_{k,ij} = \frac{1}{2} m v_{ij}^2 \tag{2-53}$$

式中，$E_{k,ij}$ 表示 i 方向监测点 j 记录波形的动能；m 为测点所在煤层或岩层的质量。

结合式（2-52）和式（2-53）可得：

$$E_{k,ij} = E_0 \mathrm{e}^{-\varphi d_{ij}} d_{ij}^{-2}, \varphi = 2\gamma \tag{2-54}$$

式中，E_0 为震源初始动能；φ 为能量吸收系数。

基于微震监测系统中记录的能量信号，结合式（2-52）和式（2-54）可反演介质波速模型和速度响应特征。

（2）弹性波速度场响应特征

煤系地层中的质点振动速度场快照如图 2-12 所示,其中图 2-12(a)～图 2-12(d)分别表示 0～30 ms 时刻雷克子波传播的时空演化过程。从图 2-12(a)、图 2-12(b)中可以清楚地看到纵波和横波的圆形轮廓;同时,相邻层不同材料中的准纵波和准横波分别具有椭圆形和圆锥形轮廓,如图 2-12(c)和图 2-12(d)所示。另外,由于穿层煤岩层厚度远小于顺层传播距离,雷克子波作用 1 个完整周期后,层间界面中的滞后波、反射波、透射波逐渐叠加,震中邻近顺层传播距离处的速度场发生平移现象。

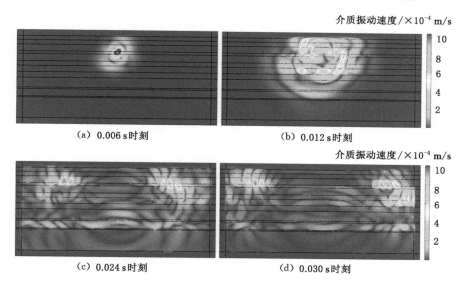

介质振动速度/×10^{-4} m/s

(a) 0.006 s时刻   (b) 0.012 s时刻

介质振动速度/×10^{-4} m/s

(c) 0.024 s时刻   (d) 0.030 s时刻

图 2-12 弹性波传播过程质点振动速度场快照

根据弹性波传播理论,对于穿过两种介质界面的弹性波,纵波或横波在不同传播方向上的衰减程度不同,且与介质的波阻抗有关。进一步分析弹性波顺层和穿层传播时质点振动速度随时间变化的曲线(图 2-13)发现,雷克子波的振动速度随着 x、y 方向传播距离的增加而显著衰减,特别是在 y 方向,传播距离为 4～6 m 时,衰减效果明显。在 x 方向上,弹性波传播到距离震源 9 m 后,波形振幅变化不大,但均大于 y 方向的振幅。

图 2-14 为不同监测点在 x、y 方向的振动速度-频率曲线。随着 x、y 方向传播距离的增加,弹性波的振动速度 v 在 100～400 Hz 频带内显著衰减。与时域波形相似,在距离震源 6 m 时 y 方向的频域波形衰减程度比 x 方向的显著,且随着传播距离增加,高频段(200～400 Hz)的波形幅值衰减比低频段(100～200 Hz)的更大,并且峰值频率逐渐向低频段移动。此外,x 方向的峰值频率主

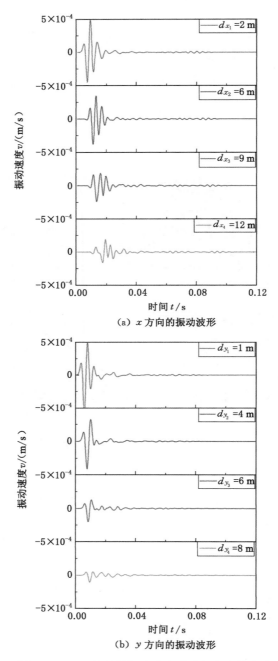

（a）x 方向的振动波形

（b）y 方向的振动波形

图 2-13　x、y 方向的振动速度随时间变化的曲线

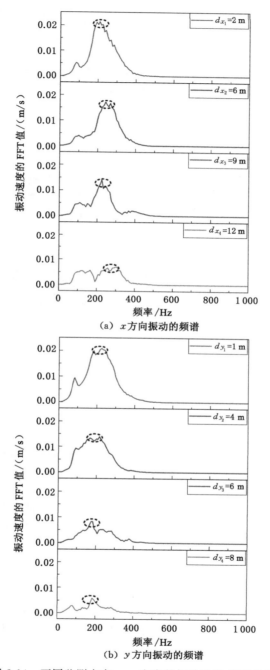

（a）x 方向振动的频谱

（b）y 方向振动的频谱

图 2-14 不同监测点在 x、y 方向的振动速度-频率曲线

要集中在 200～300 Hz 范围内,未发生明显偏移。

图 2-15 为 x、y 方向不同监测点最大振动速度 x、y 分量随传播距离变化的回归曲线。根据弹性波在低频段(100～200 Hz)的最大振动速度变化,通过回归分析,弹性波振动速度的 x、y 分量均随着传播距离的增加呈指数衰减,其中顺层方向的速度 x、y 分量水平衰减系数分别为 0.15 和 0.13,穿层方向速度 x、y 分量的垂直衰减系数均大于水平衰减系数,分别为 0.22 和 0.21,这主要是受弹性波在模型内层间界面的反射和透射效应影响。

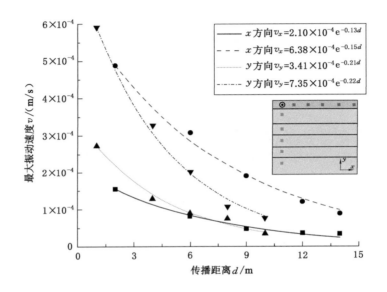

图 2-15　不同监测点最大振动速度 x、y 分量随传播距离变化的回归曲线

(3)弹性波应力场响应特征

数值模型中应力场响应特征能直观地反映煤岩层中波的传播过程及层间界面的作用。这里选取雷克子波作用 1 个完整周期内不同时刻的 z 方向的应力场进行分析,如图 2-16 所示。

在震源加载初期($t=6$ ms),震源中心区域 $10\ m^2$ 范围内应力值最大,且绝对值随着监测距离的增加而减小。随着作用时间增加,域内应力场状态发生改变,震源传递的垂直应力与水平应力受层间界面影响出现叠加现象,应力状态呈现"正—负—正"交替变化特征。雷克子波作用 1 个周期后,模型内部交界面依次出现波动,垂直应力场发生滑移,监测点的应力变化曲线与速度场呈现相同的衰减特征,如图 2-17 所示。

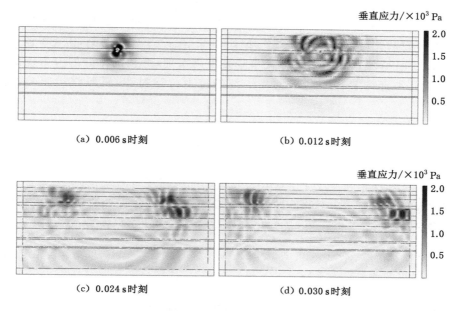

（a）0.006 s 时刻 （b）0.012 s 时刻

（c）0.024 s 时刻 （d）0.030 s 时刻

图 2-16 雷克子波作用 1 个完整周期内不同时刻的 z 方向的应力场

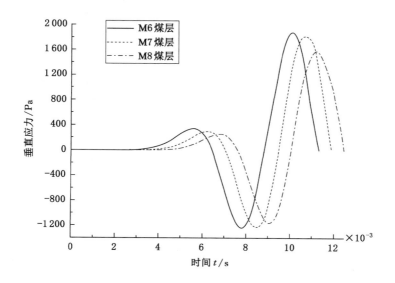

图 2-17 测点处 z 方向应力变化曲线

在雷克子波的作用下,各测点应力与速度响应过程不同,距震源作用处越远,应力状态发生改变的时刻越晚,初至波也呈现相同的波动规律,表明应力响应具有一定的传递特征。结合图 2-16(b)可知,在 $t=10$ ms 时刻,雷克子波应力达到 1.88 kPa,随着震源作用时间和监测距离增加,远震测点处的应力逐渐下降,即层间不连续界面阻断了雷克子波的应力传递过程,震源作用影响逐渐减小。

2.4 煤系地层弹性波传播及衰减物理试验

为验证和探索弹性波在层状煤岩介质中的传播和衰减特性,进一步讨论震源频率及层间界面效应对弹性波信号衰减的影响及有效监测距离,采用理论分析和物理试验结合的方法,从幅值-频域角度出发研究弹性波的传播及衰减规律。

2.4.1 弹性波信号监测系统

试验系统包括 DS5 声发射信号监测系统,以及脉冲发生器、示波器等设备组合的超声波监测系统(图 2-18)。声发射系统的前置放大器增益 40 dB,通道门限值 100 mV,传感器敏感频带为 50～400 kHz,信号输入范围为 -10～10 V,采样频率为 3 MHz。其中震源由脉冲发生器激励,示波器实时显示不同频率(0.25～10 MHz)下的波形信号,通过设置不同的震源频率来研究组合煤岩体中弹性波信号的幅值衰减特性。

物理模型依据实际地层参数选择具有代表性的煤岩试样建立,这里选取砂岩、页岩、泥岩、煤制作试样,通过波速测试得到各个介质中的弹性波传播速度,煤岩的基本参数如表 2-2 所示。组合煤岩体分成层状砂岩、层状页岩、层状泥岩三种类型,均由 100 mm×100 mm×32 mm 的岩、煤交错构成,装配示意图如图 2-18(b)所示。

表 2-2　煤岩的基本参数

试样	波速 v /(m/s)	密度 ρ /(g/cm³)	吸收衰减系数 α /cm	波阻抗 η /[g/(cm³)·(m/s)]
砂岩	2 371	2.631	0.15	6 238
页岩	1 905	2.563	0.12	4 883
泥岩	1 734	2.461	0.20	4 267
煤	1 062	1.542	0.38	1 638

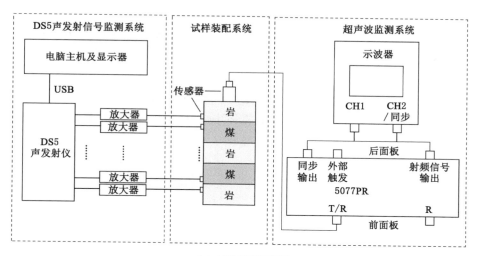

（a）试验系统原理图

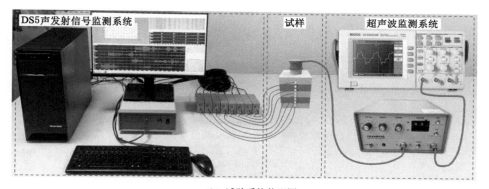

（b）试验系统装配图

图 2-18 试验系统

其中，吸收衰减系数 α 为：

$$\alpha = \frac{1}{\Delta x}\ln\frac{A_1}{A_2} \qquad (2\text{-}55)$$

式中，Δx 为传播距离；A_1、A_2 分别为信号初始幅值和传播 Δx 距离后的幅值；波阻抗 η 是煤岩固有声学参数，表示为密度 ρ 与波速 v 的乘积，反映了煤岩体对动量传递的抵抗能力。

2.4.2 幅值随传播距离的衰减

将式(2-55)两边同时取对数可得到波形信号的幅值随距离的指数衰减形式：

$$A_2 = A_1 e^{-\alpha \cdot \Delta x} \tag{2-56}$$

式中，A_1 为初始激发幅值；A_2 为传播 Δx 后接收的幅值。

研究通过脉冲激励试验将组合煤岩体中的弹性波信号进行数据拟合，结果如图 2-19 所示。

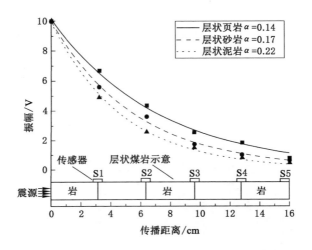

图 2-19　组合煤岩体中弹性波信号幅值随传播距离的变化

对比图 2-19 和表 2-2 数据发现，组合煤岩体的吸收衰减系数与单层介质不同，其值介于单层介质吸收衰减系数的最小值与最大值之间。由于吸收衰减系数不同，弹性波信号在煤层中的衰减梯度较岩层的大，呈现出阶段性的衰减规律。结合表 2-2 可知，α 与 η 呈负相关关系，这表示波阻抗越大，幅值衰减程度越小，即介质层密度越大弹性波能量传递过程中损耗越小，传播距离也就越远。

品质因子 Q 表示弹性波在煤岩体中传播衰减特性的物理量，Q 与 α 的关系式为：

$$Q = \frac{\pi f}{\alpha v} \tag{2-57}$$

将式(2-57)代入式(2-56)可得：

$$A_2 = A_1 e^{-\frac{\pi f}{Q v} \Delta x} \tag{2-58}$$

式中，f 表示震源频率。对于已知震源在 n 层组合煤岩体中的传播，其传播距离

由式(2-58)可得:

$$\Delta x = \frac{1}{f} \cdot \left(\frac{1}{\pi n} \sum_{i=1}^{n} Q_i v_i \right) \cdot \ln \frac{A_1}{A_2} \tag{2-59}$$

对比数值模拟中的弹性波控制方程分析发现,震源频率 f 是影响弹性波在煤岩体介质中传播衰减的重要振动参数。

2.4.3 幅值随震源频率的衰减

组合煤岩体中弹性波信号幅值随震源频率的变化如图 2-20 所示。由图 2-20 发现,当传播距离 $\Delta x = 0 \sim 6$ cm 时,组合煤岩体中低频信号的幅值衰减比率较高频信号的小,传播距离较远。随着弹性波在组合煤岩体中继续传播,高频分量逐渐衰减,震源频率向低频段移动。在传播距离 $\Delta x > 6$ cm 后弹性波信号的幅值衰减梯度受震源频率影响变化较小。因此,本研究选取 $\Delta x = 6$ cm 时的组合煤岩体中的波形幅值信号进行分析,如图 2-21 所示。

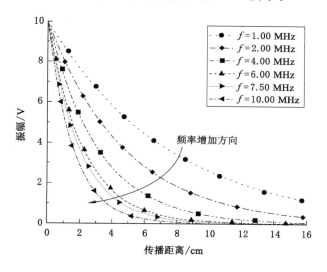

图 2-20　弹性波信号幅值随震源频率的变化

在图 2-21 中,弹性波信号幅值随震源频率呈负指数衰减,$f < 4.00$ MHz 时弹性波信号的幅值衰减梯度最明显,依次为层状泥岩、层状砂岩、层状页岩。在 $f > 6.00$ MHz 时层状泥岩的弹性波信号幅值的衰减几乎为 0。因此,结合图 2-20可得,对于较近距离范围($\Delta x < 6$ cm)内产生的弹性波信号,选择频率响应范围至少为 4.00 MHz 的传感器进行监测最为合适。对于较远距离产生的弹性波信号进行监测时,选用低频震源进行现场试验除了能在近震源处产生较大

的能量外,还因为其波长较长,弹性波信号能传播到更远距离从而达到监测目的。

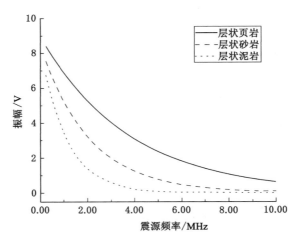

图 2-21　组合煤岩体中弹性波信号幅值随震源频率的变化($\triangle x = 6$ cm)

综上所述,震源频率限制弹性波的传播距离,而在等比例条件下,通过弹性波信号的监测能够在一定程度上反映煤系地层的阶段性衰减特征,根据煤层与岩层的基本属性和震源参数可以初步判定煤系地层中弹性波传播的衰减系数和传播距离。当煤层与岩层介质层属性相差较大时,弹性波信号的阶段性衰减特征显著,可通过吸收衰减系数表示。当震源频率较低时,煤系地层中弹性波信号衰减与传播距离存在负相关关系,意味着随震源频率增加远距离处的信号衰减加快,传播距离受到限制,对于一定距离的检波器需要调整其接收频率或阈值才能拾取有效信号,而对于已知震源的波形信号拾取,可依据式(2-59)初步计算其传播距离。根据实际煤系地层中的渐进非连续的破坏特征确定煤层与岩层中的应变能随距离的衰减关系,对微地震监测技术中检波器的布置方法开展研究,实现煤岩动力灾害、水力压裂煤岩破裂等有效监测与评判。

2.5　基于衰减特性的微震台网布置方法

目前,煤矿井下水力压裂微震监测多借鉴油气行业的钻孔内安装检波器的方式,或是借鉴冲击地压的网格式检波器布置方法。钻孔内安装检波器的方式的缺点是需要另外打钻孔,且检波器无法回收。但在煤矿井下完全可以用已有巷道来替代,而不必另外打钻孔。对于冲击地压中常用的网格式检波器布置方法,因冲击地压能量大,传播距离远,该方法用于监测冲击地压是可行的。但是,过分追求网格式使得检波器距离震源点较远,煤矿井下水力压裂破裂所产生的微震能量较小,传播距离有限,该方法不适合井下水力压裂微震监测。

实施煤矿井下微震监测之前通常要放标定炮,标定炮仅用于测量波速,没有充分利用爆破产生微震波的振幅和频率衰减特性,导致实际监测过程中部分检波器无法监测到微震信号,浪费了检波器。在煤矿井下水力压裂的微震监测中,还没有一种实用的技术手段来确定检波器布置距离,给微震监测的施工造成了困难和浪费。

由此,提出一种煤矿井下水力压裂微震有效监测距离的确定方法,通过绘制微震波"振幅+频率"衰减组合图,再结合水力压裂参数,确定有效微震监测距离,实现检波器的有效布置,在现有煤矿井下水力压裂微震监测施工过程中,可解决如何确定检波器布置距离、是否需要移动检波器等技术问题。

该方法包括以下步骤:① 放标定炮并布置检波器,记录信号;② 从每个检波器所采集的标定炮微震波形信号中提取振幅和质心频率;③ 以检波器与标定炮的距离 x 为横坐标、振幅的平方 A^2 为纵坐标,绘制振幅衰减曲线;④ 绘制频率等值线;⑤ 确定微震有效监测距离。

下面详细阐述方法的实现过程:

(1) 放标定炮并布置检波器,记录信号

① 如图 2-22 所示,在压裂储层附近的顶板岩层巷道选定标定炮放置点;在底板岩层巷道等间距布置检波器,各检波器与爆破点的距离依次增大。

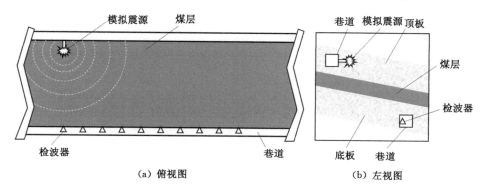

(a) 俯视图　　　　　　　　　(b) 左视图

图 2-22　模拟震源及检波器布置

② 连接检波器与微震信号采集仪,连接微震采集仪与计算机,打开微震监测软件进行试采集,确保信号采集工作正常。

③ 依照正规爆破流程装好标定炮,通过装药量计算爆炸能量 E_b,确认爆破

环境安全并实施爆破,记录爆破时间,同时采集爆破微震信号。

(2) 提取信号振幅和质心频率

从微震采集软件中导出每个检波器所采集的标定炮微震波形信号,以波形信号峰值作为振幅;再利用快速傅里叶变换将时域波形信号转化为频域信号,对频域信号积分后求平均值,所求的平均值作为质心频率。

(3) 绘制振幅衰减曲线

① 以检波器与标定炮的距离 x 为横坐标,以振幅的平方 A^2 为纵坐标,将步骤(2)所提取的信号振幅数据绘制于 $x\text{-}A^2$ 坐标系,得到振幅衰减数据。

② 利用公式 $A^2 = Ab^2 e^{-x/q}$ 拟合步骤(1)获得的振幅衰减数据,得到振幅衰减曲线 Q(图 2-23);Ab^2 为拟合的标定炮初始振幅,计算标定炮爆炸能量 E_b 与 Ab^2 的比值 $n = E_b/Ab^2$。

(4) 绘制频率等值线

如图 2-23 所示,连接坐标原点和各振幅数据点,并延长得到频率等值线,频率 F 跟其所对应等值线与横坐标 x 的夹角成正比[177]。由此,获得压裂储层区域微震波"振幅+频率"衰减组合图,如图 2-23 所示,其中 $F_1 \sim F_{10}$ 为频率等值线。

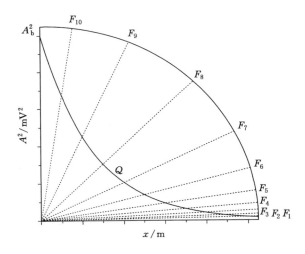

图 2-23　微震波"振幅+频率"衰减组合图

(5) 确定微震有效监测距离

① 计算储层水力压裂破裂能量 E_{HF},$E_{HF} = 10qp_{max}$,其中 q 为水力压裂注入流速,单位为 m^3/h;p_{max} 为最大注水压力,单位为 MPa;E_{HF} 的单位为 J。

② 计算水力压裂破裂微震初始振幅 A_{HF}^2,$A_{HF}^2 = E_{HF}/n$。

③ 通过数据分析确定最大背景噪声振幅,并设置信号采集触发振幅阈值 T_h。

④ 查看所用检波器频响上限 F_s。

⑤ 在微震波"振幅＋频率"衰减组合图中(图2-23),标出水力压裂破裂微震初始振幅 A_{HF}^2、触发振幅阈值 T_h^2 和检波器频响上限 F_s。

⑥ 如图2-24(a)所示,将纵坐标改为底数为自然对数 e 的对数坐标(也可视情况改为其他底数),找出检波器频响上限 F_s 与振幅衰减曲线 Q 的交点 A,找出水力压裂破裂微震初始振幅 A_{HF}^2 与振幅衰减曲线 Q 的交点 B,找出触发振幅阈值 T_h^2 与振幅衰减曲线 Q 的交点 C。

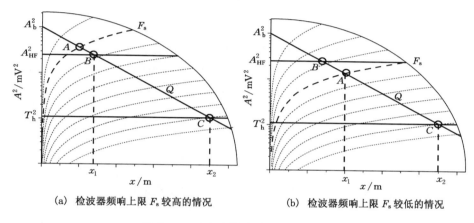

(a) 检波器频响上限 F_s 较高的情况   (b) 检波器频响上限 F_s 较低的情况

图 2-24   确定有效监测距离的示意图

⑦ 如图2-24(a)所示,取 $x_1 = \max(x_A, x_B)$,其中,x_A 为 A 点对应横坐标,x_B 为 B 点对应横坐标,取 C 点对应横轴坐标 x_2,x_1 与 x_2 的差就是压裂储层区域的微震有效监测距离。图2-24(a)示出了检波器频响上限 F_s 较高的情况,图2-24(b)示出了检波器频响上限 F_s 较低的情况。

2.6 本章小结

为了更好地认识煤矿水力压裂过程煤系地层中弹性波传播规律,本章从理论分析出发,借助数值模拟计算方法,并结合物理模拟试验,基本阐明了煤系地层弹性波传播过程的一些现象和衰减规律,具体的主要结论如下:

① 推导了煤系地层弹性波传播控制方程,以及弹性波经过层间界面时的反射、透射、频散及衰减特性,并基于有限元思想对纵波和横波进行了分离,得到了

二维条件下弹性波场解耦的一阶速度-应力传播公式。

② 发现了弹性波在煤系地层中传播时其幅值随距离呈指数衰减的规律。由于层间界面的反射和透射作用,测点处的弹性波振动速度在低频带范围(100～200 Hz)内垂直方向的衰减大于水平方向的衰减,垂直衰减系数约为水平衰减系数的 1.5 倍。

③ 探讨了弹性波传播与应力方向的关系,发现弹性波在主应力方向表现出阶段性衰减特征。雷克子波作用 1 个周期内,应力状态呈现"正—负—正"交替变化特征,并且穿层方向的垂直应力场在近震测点(≤13 m)范围内具有相同的波动特征,随震源作用时间和传播距离增加,层间不连续界面阻断弹性波应力传递过程效果明显。

④ 揭示了震源频率对弹性波信号衰减的影响,得到了弹性波在层状介质中传播的衰减梯度和传播距离模型。煤系地层中高频信号的幅值衰减比率比低频信号的快。以所选的试件为例,近震源处(≤6 cm)的弹性波信号以高频(>4 MHz)衰减为主,并逐渐向低频范围移动,意味着随震源频率增加,弹性波能量衰减加快,传播距离受震源频率限制。

⑤ 提出了一种煤矿井下水力压裂微震有效监测距离的确定方法——"能量＋频率"双参数联合的检波器布置方法。该方法充分利用了微震波的振幅和频率衰减特性,为煤矿井下微震有效监测距离的确定提供了简单、可靠、可行的科学方法,为煤矿井下水力压裂微震有效监测距离的确定提供了理论依据。

3 煤岩水力压裂声发射响应特征

充分认识煤岩水力压裂声发射响应规律,是进一步开展微震监测及震源定位研究的关键基础。声发射、微震和地震三者在不同的尺度范围内具有相同的特征,它们的关系如图 3-1 所示,实验室声发射对工程尺度的微震研究具有间接指导意义。目前对于煤岩水力压裂的声发射响应机制的认识还不清晰。

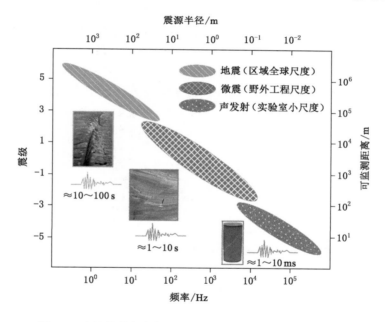

图 3-1 声波信号频率与对应研究领域的尺度关系示意图[178]

本章利用声发射监测手段,开展真三轴煤岩水力压裂声发射试验研究,探索煤矿井下煤岩水力压裂声发射响应规律。同时借助电镜扫描、CT 扫描、压汞试验和液氮吸附试验等测试手段,研究煤岩物理结构特征,并分析这些特征对水力压裂的影响。最后,结合煤岩结构特征与水力压裂参数,探究井下煤层水力压裂声发射响应机制。

3.1 煤岩赋存及其结构特征

充分认识煤岩赋存环境及其结构特征是认识煤岩水力压裂微震响应规律及其机制的必要前提。潞安矿区地面煤层气井水力压裂震源机制反演的结果显示[44]，大部分微震的产生都表现为走向或倾向的剪切滑移，只有少部分属于张裂事件，这与传统的认识中以脆性张裂为主的水力压裂破裂形式存在差异。为了进一步清晰地认识造成这种差异的原因，首先需要认识煤岩赋存及其结构特征，才能进一步分析其破裂规律，从而揭示微震响应的机制。

煤层以层状形态延展赋存于地下，被夹杂在众多的岩层中间，煤层力学强度通常远低于其顶板和底板岩层。按照坚固性系数可将煤层从硬到软分成硬煤、中硬煤、软煤和极软煤四类[66]，如表 3-1 所示。大多数煤层被认为是一种非均匀的孔隙-裂隙双重介质[179-180]，煤层在地质活动过程中受构造影响，煤层中饱含复杂的天然裂缝网络，这些天然裂缝因风化作用有的被胶结物充填，有的受应力挤压而闭合，有些则成为天然的瓦斯运移通道并富含游离瓦斯。从构造的角度看，煤层又被分为构造煤和原生煤[181]，我国大部分地区都有构造煤的存在，其中东北、华中、华南、西南地区构造煤分布较多，华北、西北地区原生煤居多。目前我国大部分实施水力压裂的煤矿区皆为构造煤分布区。

表 3-1 煤层硬度分类

分类	硬煤	中硬煤	软煤	极软煤
坚固性系数 f	$f > 3$	$3 > f > 1.5$	$1.5 > f > 0.5$	$0.5 > f$

原生煤没有受到构造扰动影响，其结构相对原始，通过电镜扫描可知原生煤主要由 C 元素和 O 元素构成（图 3-2），即原生煤中几乎全部都是碳氧化物，无机物成分非常少。通过电镜扫描，还可以清晰地看见原生煤中由植物化石堆积而成的纤维结构，表明原生煤虽然经历了漫长的地质沉积过程，但没有受到构造应力的挤压和粉碎。由图 3-2 可以看出，不同于原生煤中还保留有植物化石纤维结构，构造煤中主要是粉状或颗粒状的胶结结构，说明构造煤经历了构造作用的挤压粉碎和再胶结重构的变质过程。另外，由图 3-2 还可以看出，构造煤中除了 C 元素和 O 元素之外，还有很大一部分是 K、Na、Al、Si、S 等元素，即构造煤中除了有机物之外还有一大部分是无机物。这些无机物主要以方解石、硅酸盐、铝酸盐等形式存在，有的填充于受构造扭曲形成的裂隙中，有的则充当有机质间的胶结物。这些无机盐的水敏性极强，遇水后会溶解为无机盐溶液，这一特性会对水

力压裂过程产生影响。

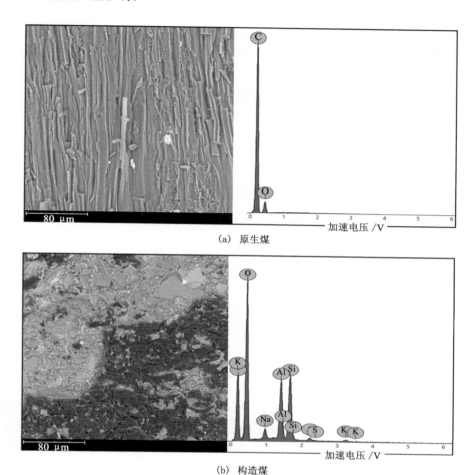

(a) 原生煤

(b) 构造煤

图 3-2 电镜扫描结果

　　煤岩中不乏裂隙,我们可以通过 CT 扫描观察煤岩内部的裂隙形态,如图 3-3 所示,图中左侧是三维重构后的煤、岩立方体,立方体尺寸为 100 m×100 m×100 m,右侧为三维重构后的煤、岩体内部裂隙形态。从图 3-3 中可以发现,煤和砂岩内部结构差异很大,不管是原生煤[图 3-3(a)]还是构造煤[图 3-3(b)],其中都含有大量的随机分布的天然裂隙,而砂岩内[图 3-3(c)]几乎没有天然裂隙。正是由于煤和砂岩内部裂隙结构的这种差异,煤的水力压裂微震产生机制必然异于岩石。

对比原生煤和构造煤内部裂缝形态[图 3-3(a)和图 3-3(b)]我们还可以发现,原生煤中裂隙的分布具有一定的方向性和连续性,构造煤中的裂隙分布则是无序的和相对不连续的。原生煤中沿层理方向有两条裂缝面,另一条裂缝面垂直穿过层理面,因为原生煤的微观结构由植物化石纤维(图 3-2)决定,原生裂隙大概率会沿着纤维方向,而只有少部分裂隙由纤维化石断裂形成。构造煤中的裂隙呈现出不规则形态,而且裂隙与裂隙间的连通性弱于原生煤的,这也是原生煤的天然渗透率高于构造煤的原因,我国沁水盆地(原生煤分布多)地区煤层气产气速率高于其他地区[182]。

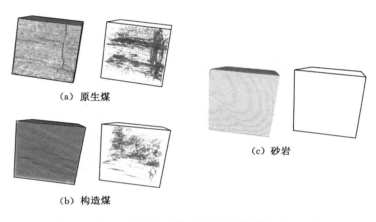

(a) 原生煤

(c) 砂岩

(b) 构造煤

图 3-3　CT 扫描裂隙重构三维图(分辨率为 0.2 mm)

煤岩中还包含着数量众多的孔隙,借助核磁共振我们可以观察到煤岩中纳米至微米级的孔隙。图 3-4 为山西新景煤矿 $3^{\#}$ 煤层的微孔孔径分布,从图中可以看出,该煤层中大部分微孔孔径分布于 $0.01 \sim 0.2$ μm、$1 \sim 7$ μm 和 $11 \sim 110$ μm 三个区间,其中又以 $0.01 \sim 0.2$ μm 区间的微孔居多。通过液氮吸附可以进一步计算孔隙的孔容和孔比表面积(图 3-5),其中该煤中仅纳米区间的孔容就有 0.03 cm^3/g,孔比表面积则高达 70 m^2/g。

稍大些的孔隙可以利用压汞法来观测,压汞法不仅能得到孔径、比表面积及孔隙分布,还能分析煤体孔隙率、孔隙扭曲率、孔喉比、孔隙分形维数、压缩系数、理想渗透率等参数。如表 3-2 所示,对 5 组试验数据取平均值得新景煤矿 $3^{\#}$ 煤层孔隙特征,其中孔容为 0.665 cm^3/g、比表面积为 668.3 cm^2/g、孔隙率为 1.406%、孔隙扭曲率为 1.24、渗透率为 1654.4 nm^2、孔喉比为 3167.6、分形维数为 3.96、压缩系数为 9.04×10^{-11} m^3/N。由此可知,该煤孔隙主要以大孔和小孔为主。

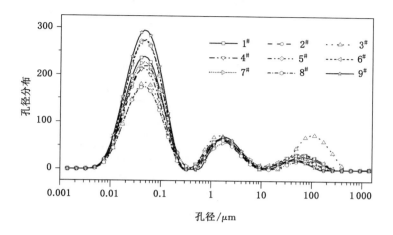

图 3-4 山西新景煤矿 3# 煤层的微孔孔径分布

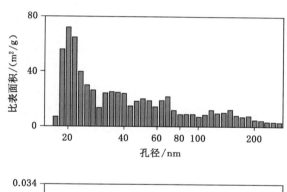

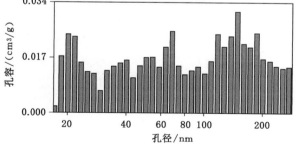

图 3-5 山西新景煤矿 3# 煤层孔隙孔容和孔比表面积

表 3-2　压汞法分析煤孔隙特征参数

参数	平均孔容 /(cm³/g)	比表面积/(cm²/g)	孔隙率 /%	孔隙扭曲率	渗透率 /nm²	孔喉比	分形维数	压缩系数 /(m³/N)
XJ1	0.651	648.9	0.95	1.34	1 028	3 217.1	4.4	1.9×10^{-12}
XJ2	0.741	828.5	1.69	1.25	13	2 103.6	3.5	2.1×10^{-10}
XJ3	0.487	396.7	0.85	1.26	4 428	4 557.2	3.3	1.9×10^{-13}
XJ4	0.36	303.4	0.68	1.53	2779.7	3 664.1	3.4	6.3×10^{-17}
XJ5	1.087	1 164	2.86	0.8	23.3	2 295.8	5.2	2.4×10^{-10}
均值	0.665	668.3	1.406	1.24	1 654.4	3 167.6	3.96	9.04×10^{-11}

3.2　煤岩水力压裂声发射响应特征试验研究

实验室中常用声发射(acoustic emission,AE)来研究工程尺度的微震响应规律。目前,虽然不少学者已经开展了相关的煤岩水力压裂 AE 研究,但只是将 AE 作为一种辅助手段,数据分析也只停留在 AE 振铃计数这一单一参数上[68]。然而,AE 信号中包含着丰富的信息,深入剖析这些信息与煤岩水力压裂间的关系,有利于更深入地认识煤岩水力压裂 AE 响应机制,从而指导煤矿井下水力压裂微震监测实践。为此,我们搭建了真三轴水力压裂声发射试验系统,并开展了对应的相似物理模拟试验,结合多种 AE 参数深入分析了煤岩水力压裂的 AE 响应机制。

(1) 真三轴水力压裂 AE 试验系统

为了真实地模拟岩体所处的实际地应力环境,煤岩水力压裂试验在真三轴加载环境下进行。真三轴水力压裂 AE 试验系统如图 3-6 所示,主要包括真三轴应力加载子系统、DS5 声发射信号监测子系统和注水子系统。其中 DS5 声发射信号监测子系统可以实现 AE 波形连续采集,可精确实现波形到时提取与 AE 定位,并且可以自主设置峰值鉴别时间(PDT)、撞击鉴别时间(HDT)和撞击锁闭时间(HLT)来适应不同试验或不同阶段的 AE 波形分析。真三轴应力加载子系统包括三个相互正交柱塞泵和刚性压板,三个方向应力独立加载,每个方向最大加载压力为 70 MPa。注水系统最大流速为 100 mL/min。试验过程中 AE 信号采集的相关参数设置如表 3-3 所示。

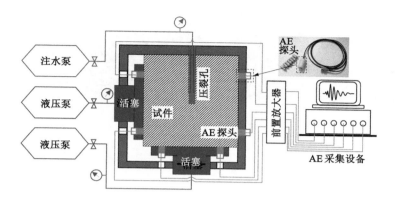

图 3-6 真三轴水力压裂 AE 试验系统

表 3-3 AE 相关参数表

项目	传感器数量/个	传感器频带/kHz	前置放大器放大倍数/dB	采样频率/MHz	采集方式
参数	8	100~400	40	3	连续采集

（2）水力压裂煤岩样品制备

煤岩试样由不同配比的石膏粉、硅酸盐水泥、碎石（直径≤8 mm）混合而成，依据文献[69]的配比方法制备了具有不同单轴抗压强度的煤、岩及分层试样，如图 3-7 所示。其中，煤的单轴抗压强度为 1.98 MPa，岩的单轴抗压强度为 14.34 MPa。4 个试样编号为 S1、S2、S3 和 S4，试样尺寸均为 300 mm×300 mm× 300 mm。其中 S1 模拟单煤层压裂，S2 模拟单岩层压裂，S3 和 S4 模拟多煤层压裂。S3 中的煤层厚度均为 75 mm，S4 上煤层厚 50 mm，下煤层厚 100 mm。4 个试样的压裂孔直径均为 20 mm，压裂孔中插入一根金属管，在金属管底部设置出水口，金属管的外径和内径分别为 15 mm 和 8 mm。金属管外壁粗糙，增加与钻孔壁的摩擦，防止压裂时滑动。压裂孔采用环氧树脂封孔，保证金属管与试样紧密连接。其中 S1 和 S2 的封孔长度为 145 mm，S3 和 S4 的封孔长度为 50 mm。

（3）煤岩水力压裂 AE 试验步骤

① 安装 AE 传感器，AE 传感器布置如图 3-8 所示，传感器外加保护套管（图 3-6），传感器尾部加装弹簧以免三轴应力加载破坏传感器。AE 传感器安装完毕后，将制备的煤岩试样放入真三轴应力加载室，AE 传感器的陶瓷接触面通过凡士林（耦合剂）与试样表面接触；连接 AE 信号采集仪，设定 AE 参数，测试 AE 监测系统的稳定性，保证试验效果；连接注水管路并检测其气密性。

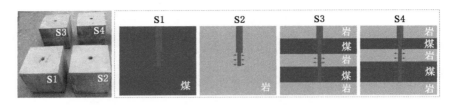

图 3-7　试验试样制备

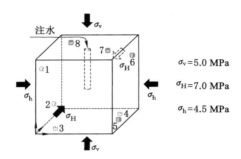

图 3-8　三轴应力状况及 AE 传感器布置图

② 加载三轴应力。先同步加载 x 轴和 y 轴的应力,加载速率为 0.01 MPa/s,当 x 轴和 y 轴应力都超过 1/2 预设应力大小时停止加载,然后加载 z 轴应力至预设应力,最后分别加载 x 轴和 y 轴应力至预设应力大小。最终三轴应力大小如图 3-8 所示,该应力值为重庆石壕煤矿真实地应力的一半。

③ 设置注水流速为 100 mL/min,打开压裂泵和 AE 监测系统,向压裂孔注入染了色的压裂液,同时采集煤岩水力压裂过程中的 AE 信号。当注入的压裂液从试样表面流出时,关闭注水泵,停止 AE 信号采集程序。

3.2.1　水力压裂声发射振铃计数演化特征

煤岩体内部损伤或断裂会诱发 AE 信号,在 AE 信号波形中,振幅超过门限值的次数称为 AE 振铃计数,简称 AE 计数。AE 计数越多,表明煤岩体内部损伤越严重、裂纹扩展越快。在煤岩水力压裂裂缝起裂、扩展过程中,AE 累积计数不断增加,注水压力也会随之变化。整个压裂过程可以描述为:以 S1 为例(图 3-9),当开启注水泵后,压裂液首先填满压裂孔空间,此阶段注水压力几乎为 0 MPa,待注入的水充满压裂孔后,注水压力开始急剧上升,同时 AE 累积计数也逐渐增多,压力上升到某一值后开始上下波动。注水压力曲线波动越剧烈,

AE 累积计数增长越快。AE 累积计数增长最快阶段试样发生破裂,压裂液渗出煤岩试样表面。4 个试样压裂过程 AE 累计计数特征如图 3-9～图 3-12 所示。

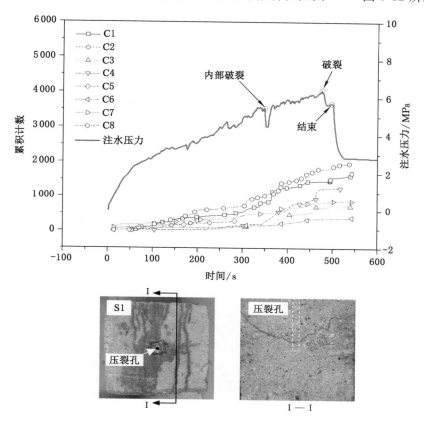

图 3-9　试样 S1 压裂过程 AE 累积计数特征

　　试样 S1 压裂至 348 s 时,注水压力从 5.46 MPa 快速下降到 4.48 MPa,C1 和 C4 通道的 AE 累积计数快速增长,随后注水压力又立即回升,表明此时 S1 内部发生了一次宏观破裂,但裂缝还没穿过试样表面。随后,注水压力继续上升,在 475 s 时 S1 整体破裂,此时注水压力达到了最高值 6.39 MPa。最后阶段的注水压力保持在 5.71 MPa 左右,为破裂压力的 89%,最终的 AE 累积计数为 1 963。通过仔细观测可以发现,S1 压裂过程中注水压力曲线一直处于波动状态,从而 AE 累积计数也一直稳定地持续上涨,表明试样产生的裂缝是逐渐扩展的,而不是瞬间发生的。

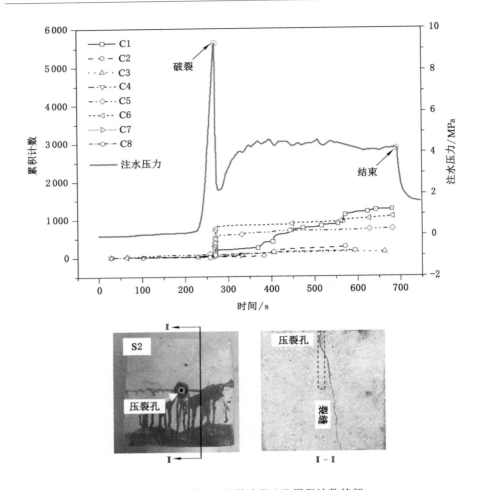

图 3-10　试样 S2 压裂过程 AE 累积计数特征

　　试样 S2 在 270 s 时注入压力达到最大值 9.32 MPa,然后立即下降,说明压裂裂缝已穿过试样表面。此时,C1、C5 和 C6 通道的 AE 累积计数急剧上升,特别是 C6 通道的 AE 累积计数从 56 增加到 836,相比之下,其他通道的响应不明显。通道之间的这种差异可能是由于真三轴应力加载过程中改变了试样与 AE 传感器接触面的贴合程度。在注水压力波动期间,C1 通道的 AE 累积计数同步增加,表明煤岩体裂缝继续扩展,而此阶段 C5 和 C6 通道的 AE 累积计数几乎没有增加,这可能是由于 S2 破裂时发生了微小位移,使得 AE 传感器与试样表面失去连接。在 S2 压裂结束时,注水压力依然保持在 4.19 MPa 左右,此压力为破裂压力的 45%。在 S2 的整个压裂过程中 C1 通道的 AE 累积计数一直在增加,最终 C1 通道的 AE 累积计数达到了 1 255。

试样 S3 的破裂压力为 4.39 MPa,压力峰值出现的时间为 235 s,此时裂缝已经形成,并使压裂液漏失。但是只有 C2 和 C6 通道监测到 AE 事件。直到第 710 s 时,所有通道的 AE 累积计数才急剧增长,注水压力再次下降,表明试样 S3 发生了二次破裂,且第二次破裂的尺度比第一次的大。第二次破裂时,注水量为 1 183.3 mL,相当于 S3 体积的 4.4%,而 S3 孔隙率小于 1%,因此可以推断 S3 第一次破裂产生的裂缝已经突破试件表面(图 3-11 中Ⅲ-Ⅲ的底部),并形成了稳定的漏失效应。第二次破裂是由于三轴应力的作用,S3 中的岩层发生了断裂,因此监测到了大量的 AE 事件。

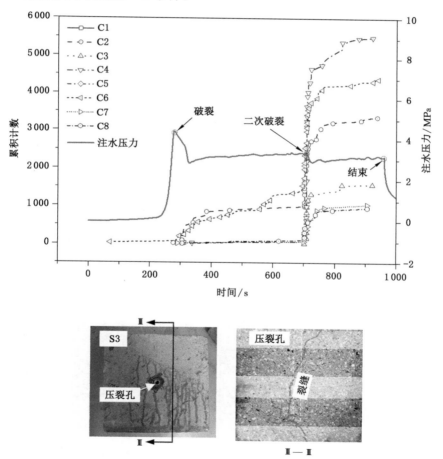

图 3-11　试样 S3 压裂过程 AE 累积计数特征

试样 S4 的最大注水压力为 8.04 MPa。第 1 276 s 时注水压力达到峰值后
急剧下降，说明 S4 大裂缝形成得比较晚。另外可以看到峰值压力之前，注水压
力波动剧烈，并持续了约 236 s，这段时间 AE 累积计数增长最快，表明 S4 的宏
观裂缝从起裂、扩展到贯通经历了 236 s。从 S4 整体 AE 演化过程和注水压力
曲线来看，注水压力急剧上升阶段出现得比较早（200～300 s），然而 AE 事件并
没有随之加速增长，而是缓慢地上升，直到 1 000 多秒后 AE 累积计数才急剧增
长。结合注水压力曲线分析，在约 1 000 s 时 S4 下煤层中已经形成的裂缝受到
三轴应力作用重新闭合，导致注水压力突然再次加速增长，突破下部岩层强度，
在下部岩层中形成了导通裂缝（图 3-12 中的Ⅳ-Ⅳ）。

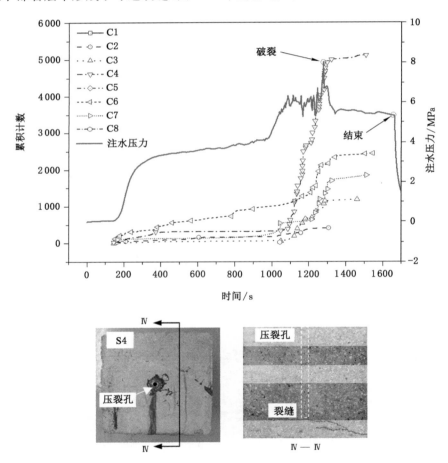

图 3-12　试样 S4 压裂过程 AE 累积计数特征

综上所述,水力压裂过程中注水压力急剧下降时,AE 累积计数迅速增长,特别是试样 S2、S3 和 S4,它们都有岩层破裂。另外,注水压力有时会经历一个长时间的波动过程,这是由于试样中一直产生微裂缝,但是它们并没有完全穿过试样表面,没有形成良好的导流通道。一旦裂缝扩展突破试样的外表面,注水压力会急剧下降,并且 AE 累积计数也在这一时刻加速增长。因此,可以利用 AE 累积计数的增长速率评价水力压裂过程中煤岩的破裂状态。

3.2.2 水力压裂声发射能量统计特征

通过对 4 个试样的 AE 能量统计,发现试样 S2 的能量值最高,S1 的能量值最低,这与试样的强度相吻合。此外,通过对 4 个试样进行比较,发现岩层破裂时 AE 能量最大,因此,AE 能量的大小很可能表明煤岩破裂的类型。

已知脆性材料的 AE 能量服从幂律分布,为了研究幂律分布指数,我们分析了双对数坐标中的能量数据并进行了拟合,拟合直线斜率的相反数等价于幂律分布指数。如图 3-13 所示,单层试样(S1 和 S2)的幂律分布指数大于分层试样(S3 和 S4)的,这表明分层试样比单层试样更不稳定。

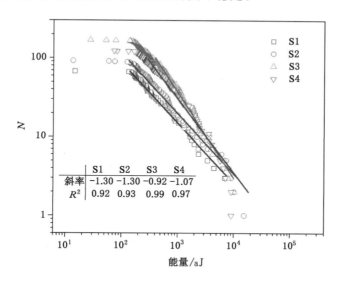

	S1	S2	S3	S4
斜率	-1.30	-1.30	-0.92	-1.07
R^2	0.92	0.93	0.99	0.97

图 3-13　压裂过程 AE 能量幂律分布指数拟合

为了研究所有能量数据的分布,我们计算了能量的概率,并绘制了概率直方图,如图 3-14 所示,可以看出,压裂过程 AE 能量拟合曲线服从对数正态分布。

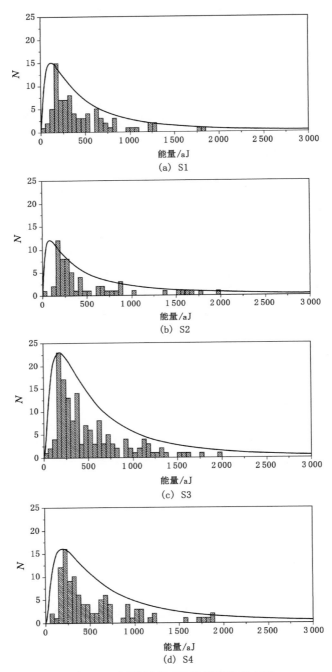

图 3-14 压裂过程 AE 能量概率直方图

3.2.3 水力压裂声发射峰频演化特征

AE 监测还可以获得 AE 信号的峰频、平均频率、初始频率、中心频率等。其中峰频是反映振动信号的关键参数,它可以代表材料断裂时的谐振频率。通过对 AE 波形进行傅里叶变换(FFT),FFT 结果最大值所对应的频率即峰频。有时峰频又被称作主频,AE 传感器主频所指的频率即峰频。本次试验所用传感器频带为 100~400 kHz,因此,AE 峰频也处于这个范围。为了研究与注水压力相关的峰频的演变特征,绘制了峰频、注水压力和能量变化图,如图 3-15 所示。

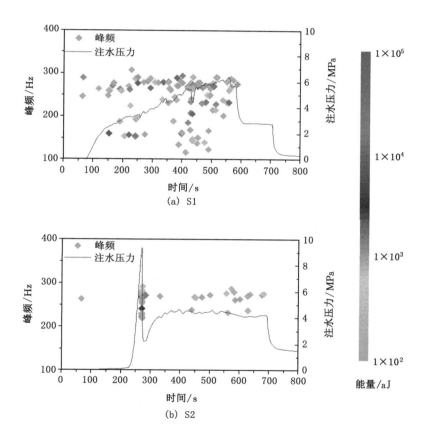

图 3-15 压裂过程 AE 峰频、注水压力和能量变化

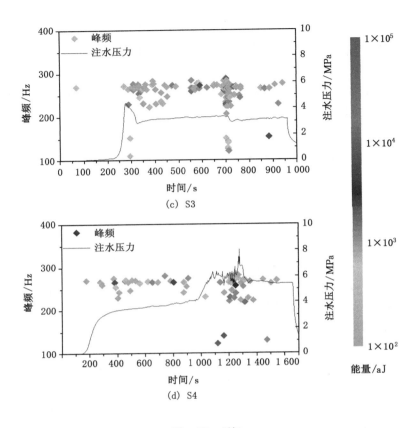

图 3-15 （续）

从图 3-15 中可以发现,注水压力波动不明显时 AE 峰频主要集中在 280 kHz
附近。当注水压力急剧波动时,低频 AE 事件增多,峰频范围相对较宽(100～
300 kHz),多段频率的 AE 事件同时产生。本书将这种现象称为多频同响。多频
同响特征与频率范围、AE 事件数和 AE 事件密度有关,频率范围越大、AE 事件数
越多、AE 事件之间的频率差越小,多频同响就越充分。

这里定义多频同响指数(MFRI)用于定量分析多频同响特征。假设压裂过
程中 $t～(t+\Delta t)$ 内有 n 个 AE 事件,它们的峰频为 $f_i (i=1,2,3,\cdots,n)$,则多频
同响的频宽可以表示为 $L_f = \max(f_i) - \min(f_i)$。相邻两个 AE 事件的频差为
$l_i = f_{i+1} - f_i$,则 l_i 的标准差为:

$$S(l_i) = \sqrt{\frac{\sum_{i=1}^{n-1}(l_i - \overline{l}_i)^2}{n-2}} \qquad (3-1)$$

由上式可知,频宽 L_f 越宽多频同响越显著,则多频同响指数(MFRI)可以表示为:

$$M(t) = \sqrt{\frac{(n-2)[\max(f_i) - \min(f_i)]^2}{\sum_{i=1}^{n-1}(l_i - \overline{l}_i)^2}} \qquad (3-2)$$

多频同响指数的计算结果如图 3-16 所示,由图可以看出 MFRI 的变化与注水压力变化有关。MFRI 越大,注水压力下降越快,破裂的规模越大,形成的裂缝尺度也越大。这一结果与振动力学原理是一致的,因为裂缝的形成是多个微裂缝聚合并连接的结果。在宏观裂缝形成之前,煤岩中已经多处产生了微裂纹,此时煤岩还相对稳定,AE 的峰频相对单一。而当宏观裂缝形成并贯穿整个试样时,大量的微裂纹产生并瞬间聚合形成宏观裂缝,致使煤岩失稳破裂。在这一瞬间,AE 频率波动较大,高频、中频、低频段皆有显现,呈现多频同响效应。

3.2.4 水力压裂声发射定位结果

在考察裂缝扩展规律时,需要对 AE 源进行定位,获得破裂位置,进而反演裂缝扩展形态。然而,煤岩波速不均匀性使得 AE 定位结果常常不尽如人意。这里以试样 S2 的 AE 定位结果为例进行分析,如图 3-17 所示。通过解剖试样我们可以直观地观察到水力压裂裂缝的走向,AE 定位结果的分布大致也是沿着裂缝扩展的方向,但是依然呈现明显的分散性。特别是图 3-17 左侧的 AE 事件,没有裂缝与之对应。造成这一结果的主要原因有两个:一是煤岩本身波速的不确定性和不均匀性,目前实验室 AE 试验定位算法均采用单一波速模型,而煤岩试样局部与局部之间的波速存在较大差异,试验前标定的波速不能代表压裂过程中波的实际传播速度,加之压裂过程中裂缝的起裂扩展再次改变了煤岩的波速,利用事先标定的单一波速模型进行定位计算会产生很大的误差;二是系统到时拾取不准,系统自动到时拾取是靠阈值设置来控制的,阈值设置得越大拾取的到时越延迟,设置过小又不能拾取到时,加之水力压裂越到后期背景噪声越强烈,单一的阈值设置不能满足全过程的到时拾取。因而,从图 3-17 中可以看出,在靠近压裂孔起裂的位置,AE 定位点离实际裂缝起裂位置很近,而裂缝扩展至远处,AE 定位点随之越发分散。

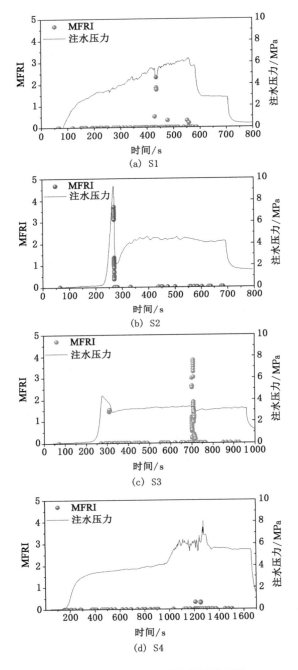

图 3-16 多频同响指数的计算结果

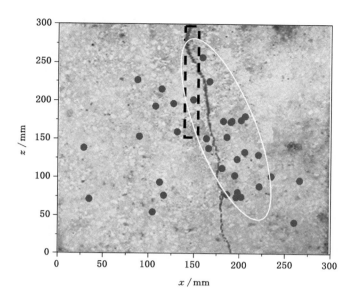

图 3-17　声发射定位结果呈现分散性(以 S2 为例)

3.3　煤岩水力压裂微震响应机制分析

煤和坚硬致密的岩石不同,煤的水力压裂微震响应机制和一般的岩石水力压裂的微震响应机制必然存在差异,为了探究这种差异,我们通过声发射反演煤岩水力压裂破裂类型(张破裂和剪破裂),结果如图 3-18 所示,图中 R_F 是声发射振铃计数与持续时间的比值,R_A 是上升时间和振幅的比值。

图 3-18(a)是砂岩水力压裂破裂类型,从图中可以发现,砂岩水力压裂过程中先发生剪破裂,随着剪破裂不断增多张破裂也开始产生,裂缝突破试样表面时张破裂能量增大、数量增多。即在砂岩水力压裂裂缝形成的过程中,经历了"剪破裂为主—张剪破裂混合"的演化过程,且随着注水量的增加,张破裂事件也逐渐增加,破裂能量也逐渐增大,当压裂裂缝贯穿试样表面时破裂能量达到最大值,此时的最大能量事件为张破裂事件。

图 3-18(b)是软煤水力压裂破裂类型,与砂岩不同,软煤中所有声发射事件皆属于剪破裂。下面结合软煤和砂岩结构差异进行分析。

由本章 3.1 节已知软煤中富含原生微裂缝,而砂岩中几乎不含原生裂缝。

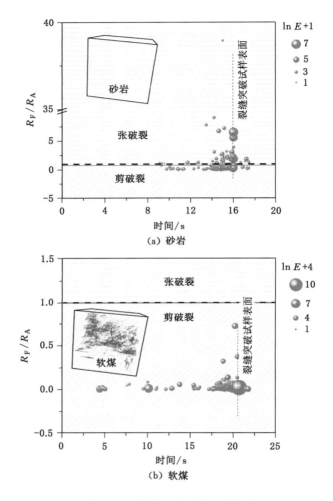

图 3-18　煤岩水力压裂破裂类型

因而,对砂岩实施水力压裂时,起初水压的作用面只有压裂孔孔壁,当注水压力不断上升,砂岩内部开始产生微破裂,此时砂岩破裂情况处于图 3-18(a)中 9～14 s,状态如图 3-19(a)所示,我们将这一阶段称为微破裂阶段。微破裂阶段主要是砂岩内部微小缺陷产生剪切破裂或晶体位错。此时微破裂与微破裂之间还相对孤立。随后,进入微破裂聚合阶段[图 3-19(b)],此阶段可对应到图 3-18(a)的 14～16 s。可以发现微破裂聚合阶段已经有张破裂产生,这是由于注入的水压超过了压裂孔壁的张拉强度,孔壁发生张破裂。微破裂聚合速度极快,当聚合的微破裂扩展至试样表面时,整个砂岩试样发生破裂,形成的裂缝与外部空气贯通,注入的水顺着贯通裂缝流出,水压随后急剧下降,这一阶段即宏观破裂阶段[图 3-19(c)]。裂缝突破试样表面的瞬间所产生的声发射能量最大,从图 3-18(a)中可以看出该事件属于张破裂。

(a) 微破裂阶段　　　　(b) 微破裂聚合阶段　　　　(c) 宏观破裂阶段

图 3-19　砂岩水力压裂裂缝形成过程

　　软煤不同于砂岩,在软煤水力压裂过程中,注入的水先通过与压裂孔导通的原生裂缝流入煤体之中。随着注水量的不断增大,水压不断上升,此时水压的作用面不只是压裂孔壁,还有复杂的原生裂缝面,煤体此时处于复杂的受力状态,存在多处应力集中。当这种应力集中超过原生裂缝与原生裂缝间的剪切强度时,原生裂缝之间发生剪切破裂并连接成更长的裂缝,如图 3-20(a)所示的状态,该状态可以对应图 3-18(b)的 4.4~17.7 s,我们将这一阶段称为原生裂缝连接阶段。进一步对比可以发现,软煤的原生裂缝连接阶段比砂岩的微破裂阶段出现的时间要早,表明软煤在注水压力很小的情况下就产生了裂缝,在这一过程中水压只是起到了辅助作用,即水压扰动软煤体原本的应力状态致使原生裂缝间应力集中产生剪破裂。原生裂缝连接形成新的裂缝,新的裂缝又与邻近的原生裂缝或新连接的裂缝之间继续发生剪切破裂,这样往复产生越来越多的剪切破裂事件,这个过程我们称之为原生裂缝聚合阶段[图 3-20(b)]。最后一个阶段是宏观破裂阶段[图 3-20(c)],此时聚合的原生裂缝瞬间贯穿试样表面,这一瞬间众多的剪破裂组成了宏观的剪破裂。

　　另外,煤体内的无机矿物(图 3-2)也会对水力压裂过程产生影响,特别是水敏性强的黏土矿物。无机矿物中的无机盐遇水后会溶解为无机盐溶液,即煤基质间的胶结物发生溶解,这会改变煤的稳定结构从而降低煤的力学强度,发生水弱化效应。胶结物的溶解还可以提供导流通道使得煤体形成溶蚀缝,溶蚀缝也是压裂裂缝的一种类型,这种裂缝一般不会产生明显的声发射事件,但它会改变煤体结构,打乱煤体内部的应力平衡,间接导致剪切裂缝产生,从而释放声发射。

（a）原生裂缝连接阶段　　　　（b）原生裂缝聚合阶段　　　　（c）宏观破裂阶段

图 3-20　软煤水力压裂裂缝形成过程

通过以上分析,可以发现砂岩水力压裂破裂包含剪破裂和张破裂,且一般张破裂能量大于剪破裂能量;软煤水力压裂破裂只有剪破裂。在微震监测中可以利用这一差异鉴别煤和砂岩的破裂。

3.4　本章小结

本章主要探讨了煤岩水力压裂过程声发射的响应特征,结合室内真三轴水力压裂试验,重点关注了水力压裂过程的声发射振铃计数、能量、峰频、R_F/R_A 值以及声发射定位结果,并结合注水压力曲线充分论述了声发射信号的响应规律和机制,得到了一些新的认识,具体结论如下:

① 发现了水力压裂声发射的多频同响特征。每当注水压力突然下降时,总能监测到密集的声发射信号,且它们的峰频分布并不是单一的,而是在多个频段都有所响应,而注水压力曲线没有出现突然下降时,声发射的响应频段相对集中。本书将这种现象称为多频同响。考虑到注水过程煤岩的破裂机制,当注水压力突然下降时一定会有较大的裂缝产生。基于此,我们提出了与宏观裂缝形成相关的多频同响指数 MFRI,该指数可以表示煤岩水力压裂宏观裂缝的形成过程。

② 分析了砂岩和软煤在压裂过程中破裂方式与材料结构的关系。试验结果表明,砂岩的压裂裂缝扩展过程可以分为微破裂阶段、微破裂聚合阶段、宏观破裂阶段,而软煤的压裂裂缝扩展过程可以分为原生裂缝连接阶段、原生裂缝聚合阶段和宏观破裂阶段。砂岩在微破裂阶段以剪破裂为主,随着裂缝的扩展发育,在微裂缝聚合阶段和宏观破裂阶段会产生张破裂。而软煤的水力压裂裂缝扩展的主要方式是原生裂缝错动或滑动产生剪破裂,这种剪切破裂贯穿于软煤的整个压裂过程。由此,可以从大能量声发射的破裂类型中鉴别煤和岩石的

破裂。

③ 从煤和砂岩两种不同材料的微观结构测试结果中发现了煤和砂岩微观结构的差异性,煤体内一般富含原生裂缝,软煤中包含着大量的无机矿物,而砂岩中几乎没有原生裂缝。煤和砂岩的结构差异导致了二者的水力压裂微震响应机制的差异。

4 煤岩水力压裂微震特征识别
及层位判识方法

煤岩水力压裂短时间内会产生大量的微震事件进而产生大量的波形信号，对于这些波形的拾取需要一种快速、可靠的方法。根据天然地震的研究结论，如果微震事件的震源位置和破裂机理相近，那么它们产生的波形信号也具有一定相似性。

我国大部分煤层属于薄及中厚煤层，目前大部分煤矿井下实施水力压裂改造的煤层厚度一般为 2～5 m。在这样几米厚的煤层中实施水力压裂，煤层顶底板难免会受到压裂影响，岩层也发生破裂。

基于此，本章旨在探索一种能够识别煤破裂事件或者岩石破裂事件的方法，以期判识水力压裂煤岩破裂属性和评价水力压裂范围。另外，通过煤岩水力压裂微震信号识别还可以将微震定位的搜索范围限定在煤层或者煤层顶底板中，缩小微震定位反演的搜索范围，从而提高微震定位反演效率和准确率。

4.1 煤岩水力压裂声发射信号识别方法

声发射监测技术是一种新兴的无损动态监测技术，在煤岩损伤与裂隙扩展监测方面应用广泛，但是通过对声发射特征参数的识别来判定损伤介质的材料类型仍是公认的难题[183]。介质损伤源的机制与声发射信号之间存在着紧密的内在联系，不同的损伤破坏机制会以不同的声发射信号类型展现出来，而声发射信号又受传感器本身的灵敏度与传播过程煤岩体复杂介质的传播影响，使得通过声发射信号特征识别介质属性的难度进一步增大[184]。神经网络是新兴的信号处理技术之一，因其广泛的可靠性与普适性在近年来得到了较大发展，尤其是卷积神经网络在声音信号识别领域具有广泛应用[185]。因此，本书选择了长短期记忆网络、感知机网络和卷积神经网络作为煤岩水力压裂声发射信号识别介质属性的方法，并对其进行了深入分析与探讨。下面对这三种神经网络的不同学习模式及网络结构进行介绍。

4.1.1　长短期记忆网络

　　长短期记忆网络(long short-term memory, LSTM)是循环神经网络的一种变体,这种神经网络具有选择记忆功能,通过输入训练数据,LSTM 会选择性地记忆重要的节点及数据特征,即通过内置处理器将有用的输入信息保留下来,将特征分散的无用信息遗忘。这种 LSTM 的内部网络结构可以很好地去除水力压裂过程中的无用信息,即噪声,将有用的煤岩水力压裂信息储存下来进行训练识别。

　　在 LSTM 中,不需要过度堆叠循环层,因为 LSTM 网络本身存在序列维度,因此其结构比较复杂。如图 4-1 所示,首先通过对煤岩水力压裂声发射数据提取特征参数,通过 Python 编码使煤岩的岩性标准化,然后构建包含 LSTM 层和全连接层的煤岩水力压裂岩性识别模型。

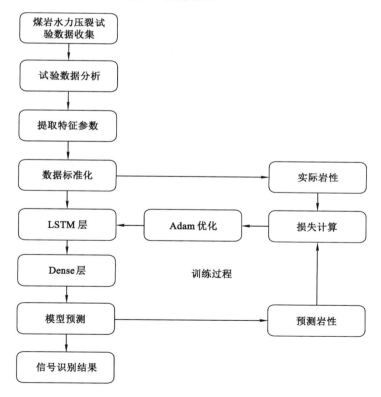

图 4-1　LSTM 岩性识别模型

4.1.2 感知机网络

感知机网络(multilayer perceptron,MLP)是一种全连接神经网络,也是实用性较强的一种人工神经网络,MLP包括输入层、隐含层和输出层三层基本结构,以及权重、偏置、激活函数三个基本要素,其中权重代表事件的可能性大小,偏置是保证输出值被激活的难易程度,而激活函数是将输出值的幅度限制在一定范围内,一般为(−1~1)或(0~1)。MLP神经网络层与层之间是全连接的,即两个相邻层之间的任何神经元都有连接。MLP神经网络结构如图4-2所示。

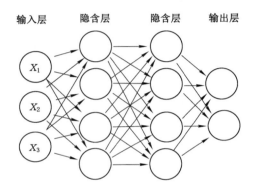

图 4-2   MLP 神经网络结构图

MLP的输入层和隐含层可以看作一个全连接层,隐含层到输出层可以看作一个分类程序,在构建MLP模型时,会对权重和偏置进行初始化,然后将煤岩水力压裂声发射信号特征参数输入给感知机,让感知机训练学习,计算所有层的正向输入输出值和输出层的误差项,然后反向递推,此过程中权重和偏置会不断改进,不断减少错误,再对各个权重和偏置进行偏导运算,运用梯度下降法迭代更新参数,最终得到最小损失函数值,并输出识别结果。MLP神经网络识别流程图如图4-3所示。

4.1.3 卷积神经网络

卷积神经网络(convolutional neural networks,CNN)是一种多层神经网络,也是一种前馈神经网络,卷积神经网络的基本结构和MLP的基本结构一样,只是将隐含层又分为卷积层、池化层和全连接层,卷积神经网络结构如图4-4所示。

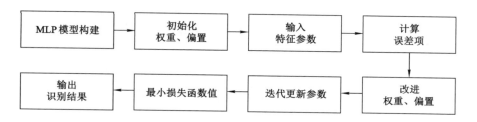

图 4-3　MLP 神经网络识别流程图

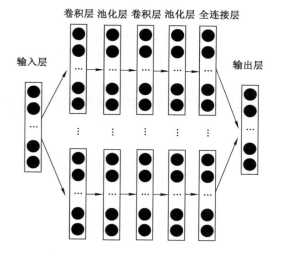

图 4-4　CNN 神经网络结构图

通常,我们所监测到的微震信号都是时域上的信号,而在时域信号中所能体现的原始信息是有限的。目前有多种信号变换方法可以将信号从时域转换到频域或时频域来获取信号随时间变化的能量频率分布等信息。短时傅里叶变换是较好的煤岩水力压裂波形信号时频分析方法,该方法的基本思想是将波形信号分为多个同等长度的时间窗,保证时间窗长度足够小且窗内信号稳定,然后依次滑动并对每一个时间窗内的波形信号进行傅里叶变换,从而得到整个波形信号的频谱特征,其计算公式为:

$$STFTx(t,f) = \sum_{n=0}^{L-1} x(n)m(n-1)e^{-j2\pi fn} \qquad (4-1)$$

式中,$x(n)$ 表示 n 时刻的原始信号;$m(n)$ 表示原始信号在 n 时刻的滑动窗函数;L 表示窗函数的长度。

由于不同微震信号的震源机制、震源深度、检波器布置、传播路径、传播介质等因素的差异性，波形信号在不同时间上的频率成分以及某一频率的分布情况等信息是有区别的。我们从波形数据的上述特性出发，先将数据进行预处理，然后将时域信号利用短时傅里叶变换转换成时频域信号，得到信号随时间变化的频率信息，生成时频谱图，最后从时频谱图中提取特征参数作为卷积神经网络的输入，进行训练和分类。

4.1.4 梅尔频率倒谱系数

为了从煤岩水力压裂信号中准确地识别出压裂位置的岩性，除了需要从声发射数据中提取传统特征参数外，还需要对数据进行压缩和降维，从已知的煤岩水力压裂声发射信号中提取梅尔频率倒谱系数（mel-frequency cepstral coefficient，MFCC）。

MFCC 是对岩石破裂过程中声发射信号的短时能量谱的一种表示，是将声发射信号的对数功率谱通过线性余弦变换运算投影至非线性梅尔标度中所得。梅尔标度与频率的关系为：

$$M_{mel}(f) = 2\ 595 \times \lg\left(1 + \frac{f}{700}\right) \tag{4-2}$$

式中，M_{mel} 是梅尔标度；f 为频率，Hz。

MFCC 的物理意义是对声学波形信号进行频谱分析，提取信号频谱中的包络数据，再从波形信号的包络信息中提取一组特征向量，即得到声学信号的能量在不同频率范围的分布。MFCC 特征参数的提取流程如图 4-5 所示。

以下是 MFCC 提取过程详解：

① 预加重处理：对截取到的声发射信号进行预加重处理，以增强高频部分的能量，提高语音信号的可听性和特征提取效果。声发射信号预加重函数如下所示：

$$y(n) = x(n) - a_1 \times x(n-1) \tag{4-3}$$

式中，a_1 为预加重滤波器系数。

② 波形分帧处理：将预加重处理的声发射信号分成 N 个长度相等的小段，每个小段称为一帧。

③ 加汉明窗：为了避免相邻两帧之间信号的能量泄漏到其他频率上，对帧信号进行窗函数处理，增加相邻帧之间的连续性，即让波形的每一帧与汉明窗相乘，计算公式如下所示：

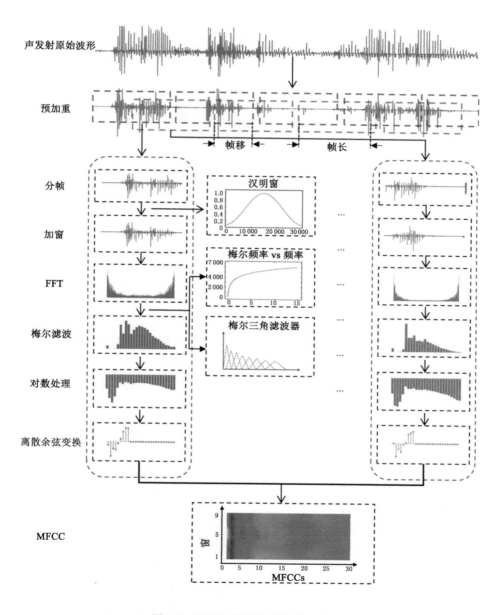

图 4-5　MFCC 特征参数的提取流程图

$$w(n) = w(n)\left[a_h - (1 - a_h)\cos\left(\frac{2\pi n}{N - 1}\right)\right] \qquad (4\text{-}4)$$

式中,$w(n)$为信号w的第n个值;N为每帧数据的长度;a_h为汉明窗系数。

④ 快速傅里叶变换:对加窗后的每一信号帧进行快速傅里叶变换。

⑤ 梅尔三角带通滤:利用一系列的三角滤波器组将波形信号分解成不同的频率带,然后将每个频率带的能量转换为梅尔值来实现。该系列滤波器为一系列的三角窗,每个滤波器的中心频率在梅尔频率上均匀分布。

⑥ 离散余弦变换:对能量的对数做离散余弦变换(DCT),获取 MFCC,计算公式如下:

$$M_{MFCC}(i,n) = \sum_{m=1}^{M} \log_{10}\left[H(i,m)\right] \times \cos\left[\frac{n\pi(2m-1)}{2M}\right] \tag{4-5}$$

式中,$H(i,m)$为快速傅里叶变换得到的能量矩阵;M为梅尔滤波器个数;i为帧序号;m为梅尔值;n代表第i帧的第n列。

4.2 煤岩水力压裂声发射特征参数研究

煤岩水力压裂声发射监测试验材料选自山西省西陈庄煤矿煤和砂岩,分别制备 2 个 100 mm×100 mm×100 mm 的标准立方体试样,如图 4-6(a)所示。为了获取煤、岩样水力压裂声发射响应数据,采用 DS5 声发射信号监测系统采集煤岩水力压裂过程产生的声发射信号,声发射传感器布置如图 4-6(b)所示,声发射传感器的压电陶瓷接触面通过凡士林(耦合剂)与试样表面紧密接触。DS5 声发射信号监测系统的相关试验参数设置如表 4-1 所示。在进行压裂之前,一方面要测试声发射信号采集的稳定性,另一方面要检查压裂管路的气密性,避免压裂过程中压裂液漏失,以保证信号的采集效果。试验中,煤压裂泵速率分别设定为 20 mL/min、30 mL/min,砂岩压裂泵速率分别设定为 30 mL/min、40 mL/min。压裂过程中注意观察试样表面的变化以及注水压力和声发射信号的变化,待注水压力不再上升甚至大幅下降、AE 累积计数增加缓慢,且试样表面出现漏水情况后,关闭水泵,同时结束 AE 信号采集程序。

(a) 试样   (b) 声发射传感器布置

图 4-6　煤岩试样制备及 AE 传感器布置图

表 4-1　AE 采集参数设置

传感器数量/个	传感器频带/kHz	门限值/mV	前置放大器增益/dB	采样频率/MHz	采集方式
8	100～400	100	40	3	触发式采集

4.2.1　煤岩水力压裂声发射时频域特征参数分析

水力压裂过程煤岩破裂规律复杂,且与煤岩物理力学特性、地应力条件和注水参数有关,因此水力压裂过程中的煤岩破裂 AE 信号通常具有非平稳、随时间变化的特点。时域或频域中的传统统计特性通常描述的是局部破裂 AE 事件的特征,解释的是局部破裂,无法观测非平稳 AE 信号的频率随时间变化的信息,即时间频率分辨率不高。而借助时频域分析这一参数提取方法可以透视兼顾时间域和频率域的水力压裂煤岩破裂状态。水力压裂煤岩破裂 AE 特征提取的时频分析的关键是在小范围内观察振动信号的频率信息,以恢复小范围内振动信号的频率组成信息,进而查看全部信号在每个频带中的分布情况。

对典型煤岩水力压裂 AE 信号进行时频分析,结果如图 4-7 所示。在时间域上,将水力压裂全过程的 AE 信号与注水压力曲线进行结合分析,发现在时间轴上,AE 信号振幅与注水压力曲线存在很好的对应关系,在注水压力逐渐上升阶段 AE 信号振幅逐渐增大。当注水压力达到峰值后试样整体失稳破裂,此时的 AE 信号振幅亦达到最大值。在注水压力达到峰值后的压裂水渗出阶段,试件破坏主要以流体润湿滑移为主,此阶段不会发生大的破裂事件,在 AE 时域波形中能很好地体现这一特征。在频率域上,能看到较好的分带特征。其中,煤 AE 响应以低频为主[图 4-7(a)、图 4-7(b)],而砂岩 AE 事件高频成分较多[图 4-7(c)、(d)]。由材料强度学知识[186]可知这种现象的原因在于,高强度材料断裂时的振动频率要高于低强度材料。

在时域上,水力压裂 AE 特征主要表现为当注水压力升高时,AE 信号幅值增大,AE 频率高频成分亦逐渐增多。对比煤样和砂岩样可以发现,煤样破裂时 AE 频率集中在 100～150 kHz,而砂岩样 AE 频率集中在 100～300 kHz,表明砂岩样破裂的 AE 高频成分多于煤样。

从煤岩水力压裂的整个过程来看,可将其分为 3 个阶段:A——微破裂阶段、B——微裂纹聚合阶段、C——宏观破裂阶段。这里的滤波采取带通滤波的方法,滤波阶数设置为 5,滤波门限值设置为 20 mV,滤波频段范围为 100～400 kHz。煤、砂岩试样水力压裂 AE 信号中 3 个阶段的典型波形拾取如图 4-8 所示。

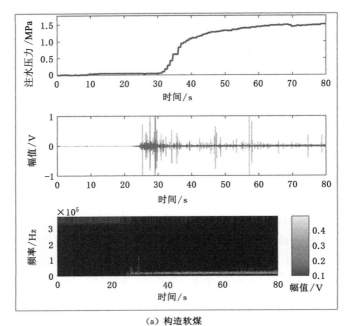

（a）构造软煤

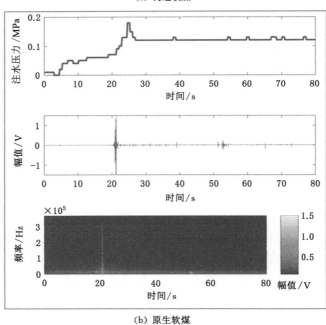

（b）原生软煤

图 4-7　煤岩水力压裂时频特征

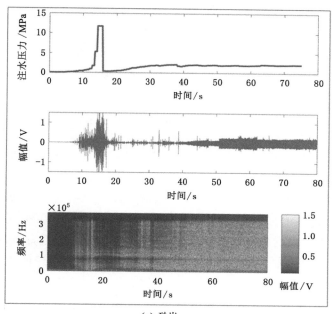

（c）砂岩

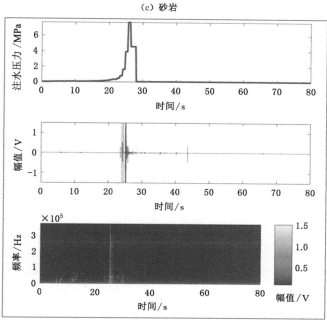

（d）泥质砂岩

图 4-7 （续）

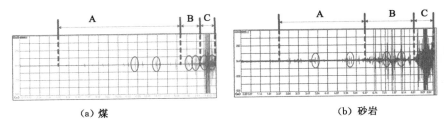

（a）煤   （b）砂岩

图 4-8   煤岩水力压裂原始 AE 信号区域划分及典型波形拾取图

从煤岩水力压裂全过程 3 个阶段分别提取 2 个 AE 特征波形进行时频分析,结果如图 4-9 所示。从图中可以看出,在频率域上,煤和砂岩的分布都具有较好的分带特征。由于低于 100 kHz 的低频带波形数据被滤除,煤岩水力压裂信号的频率范围主要分布在 100～300 kHz,峰值频率在 170 kHz 附近。在煤岩微破裂阶段,煤岩声发射信号整体较为平稳,煤岩内部裂隙发育程度较低,累计损伤较小,因此声发射信号较弱,此阶段声发射信号能量普遍低于 200 mV,煤和砂岩的频带分布具有较好的一致性。在煤岩微裂纹聚合阶段,煤岩试样内部微裂纹开始扩展并相互连通,形成微破裂面,煤岩内部累计损伤也不断增加,此阶段煤声发射信号明显增多,煤岩声发射信号峰值频率在 170 kHz 附近,并且在 100 kHz 和 260 kHz 频率附近出现较小分带。在煤岩宏观破裂阶段,注水压力迅速上升,煤岩内部微破裂聚合并迅速扩展贯通,形成贯穿煤岩试样的主破裂面,此阶段煤和砂岩的内部破裂规律有所不同,砂岩水力压裂的阶段是一个短暂的过程,由于砂岩材料强度高,内部断裂瞬间发生,同时能量也大量释放,此时声发射能量达到峰值,而煤的水力压裂阶段则是一个循序渐进的过程,表现出间续性特征,持续时间较长,声发射信号频率分布较微破裂阶段和微裂纹聚合阶段复杂,但煤岩的峰值频率仍然保持较好的一致性,稳定在 170 kHz 附近,此阶段煤的声发射事件高频成分较砂岩的要多。

4.2.2   煤岩水力压裂声发射能量特征参数分析

能量特征参数是最直观和容易判断的,在同样的应力条件、水力压裂条件下,强度大的岩层发生断裂时释放的能量往往要比煤层发生断裂释放的能量大,实验室内进行的煤岩水力压裂 AE 监测试验中发现,岩石水力压裂 AE 平均能量比煤样高 3 倍以上,最大 AE 能量则大 2 个数量级(表 4-2)。煤岩互层试样的水力压裂 AE 能量大小则处在岩样和煤样之间,说明煤岩互层试样既发生了煤层破裂也发生了岩层破裂。由此看出,微震能量特征与岩石强度特征存在较好

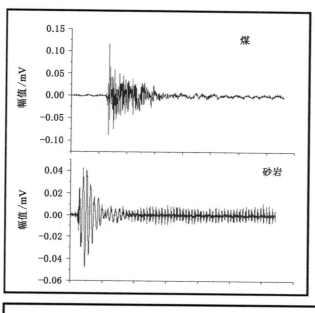

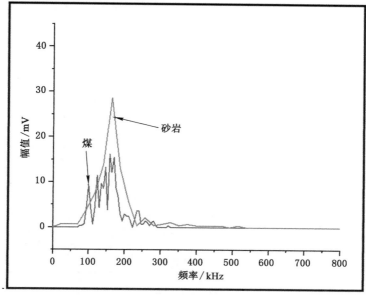

图 4-9 煤岩水力压裂声发射分段信号频谱分析

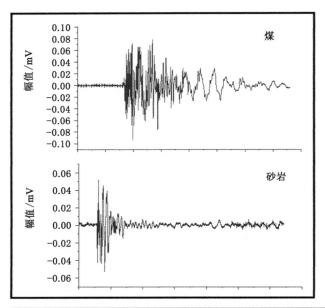

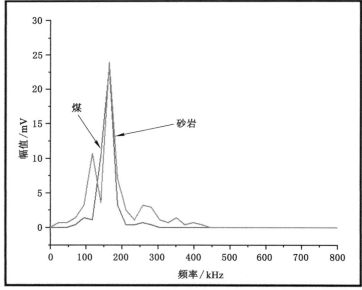

（a）微破裂阶段

图 4-9 （续）

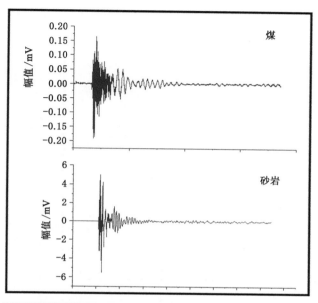

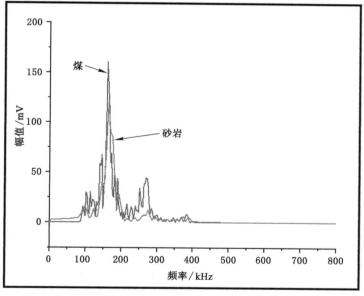

图 4-9 （续）

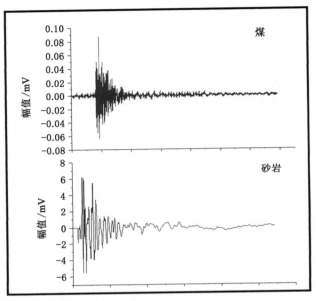

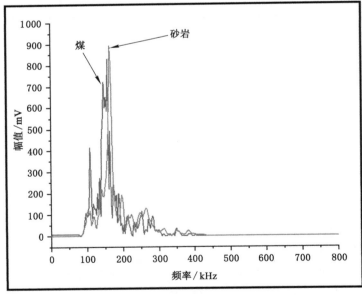

（b）微裂纹聚合阶段

图 4-9 （续）

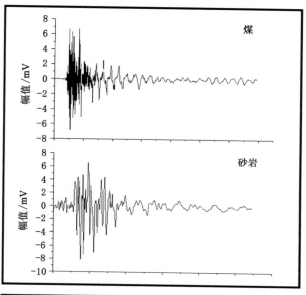

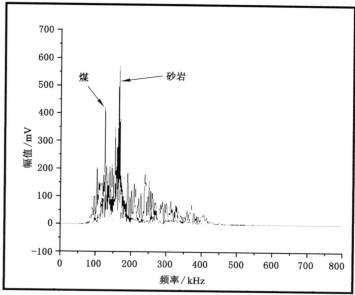

图 4-9　（续）

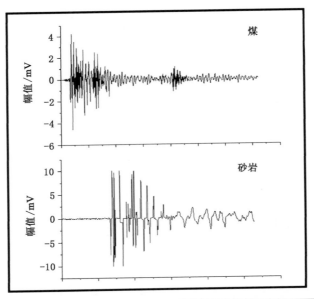

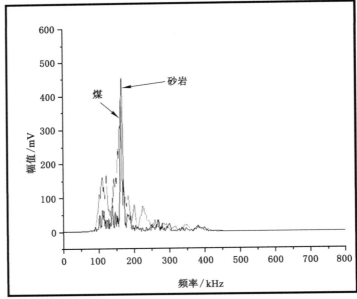

（c）宏观破裂阶段

图 4-9　（续）

的正相关关系,可以利用这一特点来进行岩性类别的识别,特别是煤和坚硬岩石(如煤层和坚硬顶板)的断裂识别。

表 4-2　水力压裂 AE 能量统计特征

试样	破裂压力/MPa	平均能量/aJ	最小能量/aJ	最大能量/aJ
煤	1.98	690.61	14.61	6 937.00
砂岩	14.34	2 120.58	6.59	367 434.00
煤岩互层	5.61	1017.20	23.42	16 399.00
煤岩互层	2.78	935.02	6.55	9 017.00

4.2.3　煤岩水力压裂声发射多参数聚类分析

聚类分析是把具有某些相似特征的对象通过静态分类将其分成不同的类簇,然后从不同类簇中随机选择中心点,按照其他数据到这些中心点的距离进行划分,再计算每个类簇的特征量平均值作为新的聚类中心,如果和之前选择的中心点相同,则聚类结束。

基于室内煤岩水力压裂监测到的 AE 信号数据,分别提取煤和砂岩的幅值、振铃计数、能量、质心频率作为分类变量,将其划分为 2 个类簇,分别为煤和砂岩,根据上述聚类分析算法,将煤岩水力压裂 AE 信号特征参数进行聚类分析,结果如图 4-10 所示。从图中可以看出,选取单一的煤岩水力压裂 AE 特征参数作为聚类分析变量,聚类结果并不能完全将煤和砂岩区分开来,聚类准确率仅为 70% 左右。究其原因,此次聚类分析选择的方法为组平均法,距离类型为相关性,算法寻找聚类中心的依据为距离总和。该聚类方法的本质仅为寻找特征参数的数值信息,采用简单匹配方法来度量 AE 信号的相似度,将其分为粗糙的 2 个类簇,并不能拾取 AE 信号响应水力压裂过程的内部规律,并且一次聚类仅能选取单个分类变量进行聚类分析,无法拾取相关特征参数间的对应关系。当样本数据量较大时,获取聚类结论的困难也就增大。由于相似系数是根据样本数据之间的内在关系规律而建立的聚类指标,而实际中尽管所选择的特征参数之间有紧密的联系,但仅从数据尺度上来看却无任何关联,聚类分析模型本身也无法识别这种错误,此时如果仅通过相似系数和距离来得到聚类分析结果显然是不恰当的,因此,亟待寻求一种煤岩水力压裂多参量同步分析的智能精确识别方法。

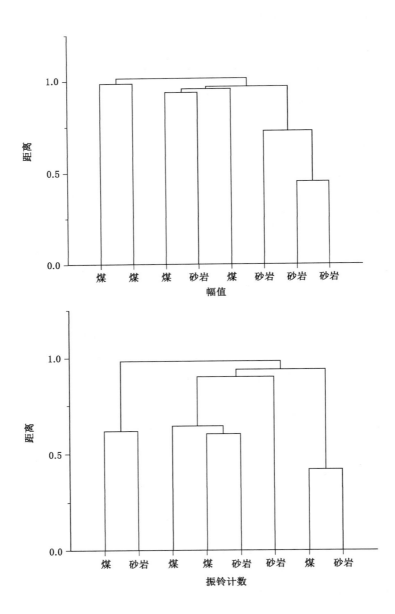

图 4-10　煤岩水力压裂 AE 信号特征参数聚类分析结果

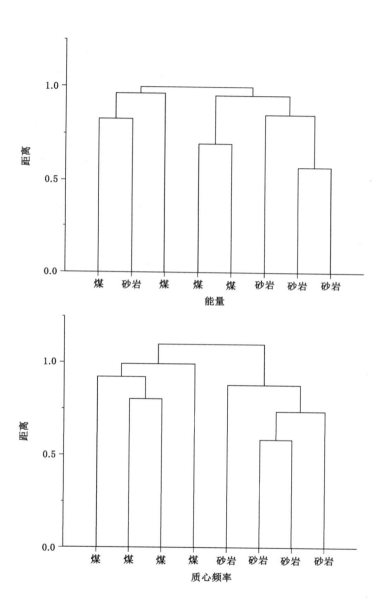

图 4-10 （续）

4.3 煤岩水力压裂声发射识别分析

　　针对多煤层复杂地质条件下的典型煤系地层水力压裂有效范围探测评价的工程背景,微震技术以其监测范围广、响应灵敏及兼具时空演化的优势有望成为煤层水力压裂最直观的效果评价方法。然而,鉴于煤系地层赋存复杂、压裂震源信号弱、工程干扰多等难题,目前仍难实现精准全面的井下压裂监测。基于此,根据神经网络在数据图像识别领域的优势,提出了一种基于 Python 语言的煤岩水力压裂微震信号识别程序,开展水力压裂微震信号特征提取和智能识别研究,建立煤岩破裂智能识别模型,为微震震源定位提供支撑,通过不同工程条件对压裂微震监测开展验证和修正,科学地评价和划定水力压裂增透效果和影响范围。

4.3.1 煤岩水力压裂声发射识别程序

　　本书采用 Python 语言编写用于煤岩微震事件识别的程序,识别程序Python 代码如下:

```python
import pandas as pd
import numpy as np
import tensorflow as tf
from tensorflow import keras
import math

model＝"cnn"

def data_from_csv(fn):
    df＝pd.read_csv(fn)
    ys＝df["yanxing"]
    xs＝df.loc[:,'1':]
    if model!＝"mlp": xs＝np.reshape(np.array(xs),(xs.shape[0],xs.shape[1],1))
    return xs,ys
x_train,y_train＝data_from_csv("训练集.csv")
x_test,y_test＝data_from_csv("验证集.csv")
```

```
    if model=="lstm":
        model=keras.models.Sequential([
            #keras.layers.LSTM(4),#,return_sequences=True),
            keras.layers.LSTM(4000),#,return_sequences=True),
            #keras.layers.Flatten(),
            keras.layers.Dense(1,activation="sigmoid")])
    elif model=="mlp":
        model=keras.models.Sequential([
            keras.layers.Input(shape=(6)),
            keras.layers.Dense(6,activation="relu"),
            keras.layers.Dense(1,activation="sigmoid")])
    elif model=="cnn":
        model=keras.models.Sequential([
            keras.layers.Conv1D(filters=4,kernel_size=2,data_format="
channels_last"),
            keras.layers.Conv1D(filters=4,kernel_size=2,data_format="
channels_last"),
            keras.layers.Flatten(),
            keras.layers.Dense(1,activation="sigmoid")
        ])
    else:
        raise(UserError("未知模型"))
    batch_size=16
    train_data=tf.data.Dataset.from_tensor_slices((x_train,y_train)).cache
().shuffle(1024,reshuffle_each_iteration=True).batch(batch_size).repeat()
    test_data = tf.data.Dataset.from_tensor_slices((x_test,y_test)).batch
(batch_size).repeat()
    step_count=math.ceil(len(x_train)/batch_size)
    val_steps=math.ceil(len(x_test)/batch_size)
    model.compile(loss="binary_crossentropy",metrics=["accuracy"])#
optimizer="adam",
    model.fit(train_data,epochs=300,steps_per_epoch=step_count,
```

validation_data＝test_data,validation_steps＝val_steps)

　　print(model.predict(x_test))

　　根据煤岩水力压裂破裂室内试验数据,建立煤和砂岩的水力压裂声发射特征参数训练集和验证集,如表 4-3 和表 4-4 所示,其中煤岩性用"0"表示,砂岩岩性用"1"表示,所建立的训练集中煤水力压裂数据为 2 000 组,砂岩水力压裂数据为 2 000 组,验证集中煤和砂岩数据各 50 组,选取特征参数分别为振幅上升时间、振铃计数、能量、峰值频率和质心频率。根据所建立的煤岩微震事件识别 Python 程序进行训练和验证。

表 4-3　煤岩水力压裂声发射特征参数训练集

段号	岩性	振幅	上升时间	振铃计数	能量	质心频率	峰值频率
1	0	120.24	300.67	3	16.27	84 256	17 578
2	0	334.78	50	11	9.85	239 736	164 062
3	0	205.69	263.33	16	22.63	140 875	38 085
4	0	128.17	0.67	2	3.07	264 488	164 062
5	0	307.31	50.33	35	65.13	159 073	37 353
......							
1996	0	1 010.74	117	47	131.03	150 202	11 718
1997	0	1 035.16	428.67	87	483.8	186 234	164 062
1998	0	172.12	2.67	4	5.28	228 923	164 062
1999	0	771.48	95.67	48	86.39	155 438	169 921
2000	0	353.39	37.67	247	701.73	207 393	167 724
2001	1	189.51	1.33	2	1.27	336 114	187 500
2002	1	526.43	102.67	17	89.3	81 279	11 718
2003	1	119.32	191	6	16.72	133 485	11 718
2004	1	124.82	191	6	17.78	137 078	11 718
2005	1	961.91	118.33	15	172.86	96 879	13 183
......							
3996	1	412.9	103	12	48.95	177 291	11 718
3997	1	131.53	0.67	4	1.62	362 086	187 500
3998	1	287.17	91	7	36.86	123 823	11 718
3999	1	1 420.9	44	22	260.59	133 289	13 183
4000	1	2 636.72	17.33	24	169.73	121 315	52 734

表 4-4　煤岩水力压裂声发射特征参数验证集

段号	岩性	振幅	上升时间	振铃计数	能量	质心频率	峰值频率
1	—	137.63	19	11	24.38	238 232	5 859
2	—	122.68	24.67	2	1.24	418 921	93 750
3	—	309.14	13.33	10	11.21	246 204	152 343
4	—	128.17	1.67	2	1.25	148 763	46 875
5	—	160.52	19.67	3	1.29	226 672	140 625
......							
46	—	117.8	89.67	2	2.77	239 493	11 718
47	—	143.13	0.67	2	1.44	406 235	187 500
48	—	195.62	28.33	5	4.25	208 847	152 343
49	—	235.6	1.67	3	4.53	251 598	11 718
50	—	266.72	5.67	11	10.02	198 108	175 781
51	—	289	91.33	9	49.23	79 556	11 718
52	—	204.47	17	8	24.33	128 052	14 648
53	—	407.41	60.67	16	17.09	173 985	152 343
54	—	108.95	24	2	1.26	435 146	187 500
55	—	130.62	80	4	5.8	181 210	46 875
......							
96	—	112.61	24.33	2	1.39	443 296	187 500
97	—	1 401.37	33.67	31	103.92	145 253	49 804
98	—	1 289.06	16.67	33	74.87	158 743	41 015
99	—	166.32	134.33	8	11.64	228 131	11 718
100	—	164.8	55.67	5	8.62	248 856	11 718

4.3.2　煤岩水力压裂声发射识别结果分析

基于神经网络的煤岩水力压裂信号识别结果中"0"表示煤,"1"表示砂岩。此次煤岩水力压裂声发射特征信号识别分别采用 LSTM、MLP、CNN 三种神经网络进行,输出结果汇总如表 4-5 所示。三种神经网络的识别结果都较为稳定,但也有部分差异。LSTM 在处理小量级序列时具有一定优势,而当序列量级增大时处理起来就会很慢,计算量较大,因为每一个 LSTM 的内置 cell 都包含有 4 个全连接层,时间跨度大,网络纵向深,因此相较于其他两个神经网络 LSTM 计算起来会更耗时。MLP 在训练集数据过多时训练效率较低,同时也会导致网络过拟合。CNN 的层结构之间不是全连接方式,而是通过激活函数进行卷积操作的。

表 4-5 煤岩水力压裂声发射特征信号识别结果汇总

编号	LSTM	MLP	CNN
1	8.70×10^{-30}	1.46×10^{-35}	0
2	2.59×10^{-18}	2.44×10^{-18}	0
3	6.39×10^{-19}	1.09×10^{-21}	0
4	2.24×10^{-62}	2.31×10^{-22}	0
5	9.32×10^{-22}	1.41×10^{-26}	0
……			
46	3.28×10^{-34}	5.63×10^{-20}	0
47	3.35×10^{-20}	7.76×10^{-19}	0
48	3.45×10^{-53}	7.08×10^{-28}	0
49	8.01×10^{-103}	3.36×10^{-23}	0
50	2.90×10^{-18}	2.54×10^{-21}	0
51	1.00×10^{0}	1.00×10^{0}	1
52	1.00×10^{0}	1.00×10^{0}	1
53	1.00×10^{0}	1.00×10^{0}	1
54	1.00×10^{0}	1.00×10^{0}	1
55	1.00×10^{0}	1.00×10^{0}	1
……			
96	1.00×10^{0}	1.00×10^{0}	1
97	1.00×10^{0}	1.00×10^{0}	1
98	1.00×10^{0}	1.00×10^{0}	1
99	1.00×10^{0}	1.00×10^{0}	1
100	1.00×10^{0}	1.00×10^{0}	1

从识别结果得知,当训练集数据量提升到一定程度时,神经网络的识别优势已经有所显现,无论是煤的破裂信号识别测试,砂岩的破裂信号识别测试,还是混合煤岩信号识别测试,神经网络的识别精度均可达到 90% 以上,由于此次选取的识别特征参数仅限于 DS5 声发射信号监测系统所监测到的声发射参数,并

没有对声发射波形信号进行时频分析并提取特征参数,因此在一定程度上会影响煤岩水力压裂声发射信号识别的准确性。如果后期大幅增加煤岩水力压裂训练集的数据量并优化相应的识别特征参数,LSTM、MLP、CNN 三种神经网络的信号识别精度将会进一步提高,此次识别结果也验证了该方法在微震识别中的可行性和有效性。

4.4　破裂层位数学表示及震源修正方法

4.4.1　破裂层位表示方法

将层位 L_i 表示为 $L(x,y,z)$,实际上 L 是一个关于 x、y 和 z 的分段函数。先考虑煤层和岩层都是水平堆积的情况,L 可以被看作关于 z 的分段函数,则 L 可以写成:

$$L(x,y,z)=\begin{cases}L_1,z\in(z_0,z_1]\\L_2,z\in(z_1,z_2]\\\vdots\qquad\vdots\\L_i,z\in(z_{i-1},z_i]\end{cases} \qquad (4\text{-}6)$$

下面考虑煤层或岩层倾斜时的一般情况。当煤层或岩层的倾角为一定值 θ_d 时,设其倾向为 φ_d,φ_d 的值等于 x 轴顺时针旋转至倾向矢量 $\boldsymbol{D}$ 所扫掠的角度大小,如图 4-11 所示。其中,d 表示 L_i 层与全局坐标原点 O 的垂距。

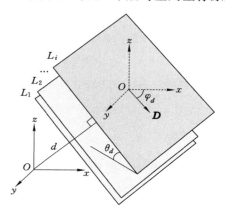

图 4-11　倾角为 θ_d、走向为 φ_d 时的层位表示方法

已知 L_i 层的倾角 θ_d 和倾向 φ_d，我们可以求出 L_i 层的法向量 $\boldsymbol{\tau}$：

$$\boldsymbol{\tau} = (1, \tan \varphi_d, \frac{\sqrt{1+\tan^2 \varphi_d}}{\tan \varphi_d}) \tag{4-7}$$

进一步地，利用空间几何学知识我们可以求得一个与 L_i 层平行的平面，该平面方程为：

$$\frac{1}{r}x + \frac{\tan \varphi_d}{r}y + \frac{1+\tan^2 \varphi_d}{r \tan \varphi_d}z = d \tag{4-8}$$

其中，$r = \sqrt{1 + \tan^2 \varphi_d + \frac{1}{\tan^2 \theta_d} + \frac{\tan^2 \varphi_d}{\tan^2 \theta_d}}$；$d$ 为该平面到全局坐标原点 O 的垂距。

由此可知，L 变成了关于 d 的分段函数，式(4-6)可改写为：

$$L(x,y,z) = \begin{cases} L_1, d \in (d_0, d_1] \\ L_2, d \in (d_1, d_2] \\ \vdots \qquad \vdots \\ L_i, d \in (d_{i-1}, d_i] \end{cases} \tag{4-9}$$

到此，我们获得了层位的数学表达式(4-9)，该式没有引入新的复杂参量，避免了复杂的空间坐标代换，只需要根据煤矿中常见的煤层或岩层倾角及其走向，便可以计算层位的空间位置。

更一般地，当煤层或岩层不能近似为平面模型时，L 将变成同时与 x、y 和 z 都相关的多重分段函数，即当 x、y 和 z 同时满足层位所在空间域的要求时，L 才能表示同一层位。这里给出 L 的一般形式：

$$\begin{cases} L(x_i, y_j, z_k) = L_i \\ (x_i, y_j, z_k) \in A_i \end{cases} \tag{4-10}$$

式中，A_i 表示 L_i 所在的空间域。随着透明矿山的不断发展，将来空间所有点都能映射到对应的层位时，式(4-10)将具备实用意义。

4.4.2 破裂层位修正震源位置

通过本书第 3 章的分析，已知震源的传播方向 $P(x_p, y_p, z_p)$ 和检波器坐标 $G(x_g, y_g, z_g)i$，现又知层位位置 L_i，接下来求解震源 $S(x_s, y_s, z_s)$。

波的传播方向和检波器坐标共同确定了空间中的一条直线，该直线方程可以写成：

$$\boldsymbol{P}_1 = \boldsymbol{G} + k\boldsymbol{P} \tag{4-11}$$

其中，$\boldsymbol{P}_{\mathrm{l}}=[x,y,z]^{\mathrm{T}}$，$\boldsymbol{G}_{\mathrm{l}}=[x_{\mathrm{g}},y_{\mathrm{g}},z_{\mathrm{g}}]^{\mathrm{T}}$，$\boldsymbol{P}_{\mathrm{l}}=[x_{\mathrm{p}},y_{\mathrm{p}},z_{\mathrm{p}}]^{\mathrm{T}}$。

借鉴空间中直线与平面交点求法的思路，联立式(4-8)、式(4-9)和式(4-11)，并通过整理后得到震源解为：

$$\begin{cases} x_{\mathrm{s}}=kx_{\mathrm{p}}+x_{\mathrm{g}} \\ y_{\mathrm{s}}=ky_{\mathrm{p}}+y_{\mathrm{g}} \\ z_{\mathrm{s}}=kz_{\mathrm{p}}+z_{\mathrm{g}} \end{cases} \tag{4-12}$$

其中，$k=\dfrac{d-\dfrac{1}{r}x_{\mathrm{g}}-\dfrac{\tan\varphi_d}{r}y_{\mathrm{g}}-\dfrac{1+\tan^2\varphi_d}{r\tan\theta_d}z_{\mathrm{g}}}{\dfrac{1}{r}x_{\mathrm{p}}-\dfrac{\tan\varphi_d}{r}y_{\mathrm{p}}-\dfrac{1+\tan^2\varphi_d}{r\tan\theta_d}z_{\mathrm{p}}}$。

由式(4-12)可知，需要唯一确定一个 d 值才能得到确切的震源位置。当煤层或岩层均较薄(<1.3 m)时，水力压裂裂缝容易贯穿煤层或岩层，可以认为破裂点(即震源)位于煤层或岩层中部，此时取 $d=(d-d_{i-1})/2$。当煤层或岩层较厚(>1.3 m)时，d 值可以借助到时数据进一步修正。

4.5　本章小结

煤岩水力压裂在短时间内会产生大量的 AE 信号，为了对 AE 信号进行高效识别，引入时频域分析、能量分析、聚类分析、梅尔倒谱分析等特征参数的分析方法和神经网络识别程序，建立了一种煤岩体水力压裂声发射信号岩性自动识别方法，主要得到如下结论：

① 开展了煤和砂岩的水力压裂声发射试验和特征参数分析，拾取了不同阶段典型 AE 波形及特征参数，并通过时频域特征参数分析、能量特征参数分析和 AE 多参量聚类分析对 AE 信号特征进行了研究，确定了 AE 参数与岩性参数的基本关系模型。

② 根据长短期记忆网络(LSTM)、感知机网络(MLP)和卷积神经网络(CNN)算法开发了水力压裂信号岩性自动识别 Python 程序，建立了一种煤岩水力压裂声发射信号岩性自动识别方法，并通过试验数据验证了该方法的可行性和有效性，为微震定位反演增加了层位参量。

③ 探讨了基于破裂层位判识的震源定位修正方法，获得了层位数学表达式和震源修正理论模型。

5 微震三分量极化定位理论及关键技术

尽管震源定位方法发展到今天,已经有二十余种之多(见本书第一章),但想要获得可靠的震源位置,实现震源的高精度识别,就需要尽可能多地利用各种数据[187],还要因地制宜地选择合适的定位方法,有时可能需要多种方法联合,才能满足井下水力压裂微震震源定位精度的要求。

基于到时不同的震源定位方法,要求检波器阵列对压裂地点形成良好覆盖,然而煤矿井下受限空间难以满足这样的要求,致使基于到时不同的定位方法的应用效果不理想。如文献[16]中的结果那样,竖直方向上检波器覆盖范围极小(检波器布置于底板瓦斯巷中),震源在竖直方向上分布广泛,此时难以分辨究竟哪一层发生了破裂。有学者提出增加地面台站来解决竖直方向误差大的问题,但是水力压裂微震能量小,只有少数大能量的微震事件信号能够传播到地面。另有学者设法采用数学的方法去除 Geiger 法方程中的病态问题[169],但依然没有得到好的结果。由此,基于到时不同的震源定位方法不适于煤矿井下受限空间。

针对受限空间震源定位问题,本章采用理论研究方法,借鉴微震三分量原理,提出三分量极化定位方法,并对该方法的关键技术进行研究。

5.1 微震三分量极化定位理论基础

5.1.1 水力压裂微震波场波动方程

水力压裂致裂引起周围岩体发生微小震动,水力压裂微震波场如图 5-1 所示。在波场内取一质元进行受力分析,并令波的传播方向为 x 方向,质元长宽高分别为 dx、dy、dz。先探讨在 x 方向的位移分量 u_x 和应力张量中 y 沿 x 方向的应力分量 σ_{xx}、σ_{yx}、σ_{zx}。

在 yz 面上的作用力差为:

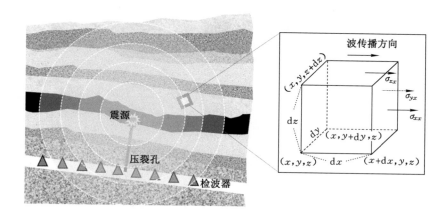

图 5-1　水力压裂破裂微震波场及其质元受力分析图

$$[\sigma_{xx}(x+\mathrm{d}x)-\sigma_{xx}(x)]\mathrm{d}y\mathrm{d}z=\frac{\partial\sigma_{xx}}{\partial x}\mathrm{d}x\mathrm{d}y\mathrm{d}z \tag{5-1}$$

同理,可以得出,在 xz 面上的作用力差为:

$$[\sigma_{yx}(y+\mathrm{d}y)-\sigma_{yx}(x)]\mathrm{d}x\mathrm{d}z=\frac{\partial\sigma_{yx}}{\partial y}\mathrm{d}x\mathrm{d}y\mathrm{d}z \tag{5-2}$$

在 xy 面上的作用力差为:

$$[\sigma_{zx}(z+\mathrm{d}z)-\sigma_{zx}(x)]\mathrm{d}x\mathrm{d}y=\frac{\partial\sigma_{zx}}{\partial z}\mathrm{d}x\mathrm{d}y\mathrm{d}z \tag{5-3}$$

将惯量 ma 表示为:$\rho\mathrm{d}x\mathrm{d}y\mathrm{d}z\dfrac{\partial^2 u_x}{\partial t^2}$,根据牛顿第二定律 $\boldsymbol{F}=ma$,考虑到沿 x 方向的外力 f_x 作用,可以得到运动方程:

$$\rho\frac{\partial^2 u_x}{\partial t^2}=\frac{\partial\sigma_{xx}}{\partial x}+\frac{\partial\sigma_{yx}}{\partial y}+\frac{\partial\sigma_{zx}}{\partial z}+f_x \tag{5-4}$$

式中,σ_{xx}、σ_{yx}、σ_{zx} 分别为应力张量在 xx(x 轴为法向、x 方向上的力)、yx(y 轴为法向、x 方向上的力)及 zx(z 轴为法向、x 方向上的力)方向的分量;f_x 为沿 x 方向的体力。

采用广义胡克定律来表示式(5-4)中应力分量,则式(5-4)可写成:

$$\rho\frac{\partial^2 u_x}{\partial t^2}=(\lambda+\mu)\frac{\partial\Theta}{\partial x}+\mu\nabla^2 u_x+f_x \tag{5-5}$$

其中,$\nabla^2 u_x=\dfrac{\partial^2 u_x}{\partial x^2}+\dfrac{\partial^2 u_x}{\partial y^2}+\dfrac{\partial^2 u_x}{\partial y^2}$,$\Theta=\dfrac{\partial u_x}{\partial x}+\dfrac{\partial u_y}{\partial y}+\dfrac{\partial u_z}{\partial z}$,$\lambda$ 及 μ 为常数。

以相同的方法,可以得出在 y 方向及 z 方向的波动方程式,若其位移量分别为 u_y 与 u_z,则其相对应的波动方程式可分别表示如下:

$$\rho \frac{\partial^2 u_y}{\partial t^2} = (\lambda + \mu) \frac{\partial \Theta}{\partial y} + \mu \nabla^2 u_y + f_y \tag{5-6}$$

$$\rho \frac{\partial^2 u_z}{\partial t^2} = (\lambda + \mu) \frac{\partial \Theta}{\partial z} + \mu \nabla^2 u_z + f_z \tag{5-7}$$

若以向量形式来统一表示式(5-5)、式(5-6)和式(5-7),表示成算符的形式为:

$$\rho \frac{\partial^2 \boldsymbol{u}}{\partial t^2} = (\lambda + \mu) \nabla (\nabla \cdot \boldsymbol{u}) + \mu \nabla^2 \boldsymbol{u} + \boldsymbol{f} \tag{5-8}$$

式中,$\boldsymbol{u}$ 为位移向量,在 x 方向、y 方向与 z 方向的位移分量分别为 u_x、u_y 与 u_z;$\boldsymbol{f}$ 为体力向量,在 x 方向、y 方向与 z 方向的体力分量分别为 f_x、f_y、f_z,只有研究震源机制时才考虑体力 $\boldsymbol{f}$,在研究波的传播时可忽略体力。

5.1.2 波的传播方向矢量

在弹性力学的基础上得出了水力压裂破裂微震波场波动方程,进一步地,我们知道纵波(P 波)传播方向与质元运动方向平行,横波(S 波)传播方向与质元运动方向垂直。利用这一原理,通过监测质元运动状态可以反推波的传播方向。图 5-2 表示的是三维坐标系中波的传播方向,这里用矢量 $\boldsymbol{P}$ 表示波的传播方向。

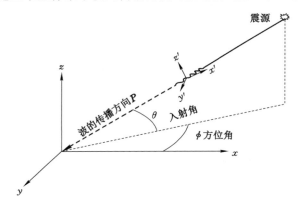

图 5-2　三维坐标系中波的传播方向

在检波器坐标系$(x',\ y',\ z')$中容易将波的传播方向矢量 $\boldsymbol{P}$ 表示为$(x_p',\ y_p',\ z_p')$。检波器坐标系为局部坐标系,通过式(5-9)可将矢量 $\boldsymbol{P}$ 转换到全局坐标系(x,y,z):

$$\boldsymbol{P} = [x_p, y_p, z_p]^T = \boldsymbol{M}[x_p', y_p', z_p']^T \tag{5-9}$$

式中,$\boldsymbol{M}$ 为旋转矩阵。

$$\boldsymbol{M} = \begin{bmatrix} \cos\gamma\cos\beta & \cos\gamma\sin\beta\sin\alpha - \sin\gamma\cos\alpha & \cos\gamma\sin\beta\cos\alpha + \sin\gamma\sin\alpha \\ \sin\gamma\sin\beta & \sin\gamma\sin\beta\sin\alpha + \cos\gamma\cos\alpha & \sin\gamma\sin\beta\cos\alpha - \cos\gamma\sin\alpha \\ -\sin\beta & \cos\beta\sin\alpha & \cos\beta\cos\alpha \end{bmatrix}$$

局部坐标系(x', y', z')分别绕 x'轴、y'轴和 z'轴旋转 α、β 和 γ 角后得到全局坐标系(x, y, z)。α、β 和 γ 角是已知量,可在检波器安装时测得。

矢量 $\boldsymbol{P}$ 可从微震三分量数据中获取。这里用一个 $3 \times n$ 阶矩阵 $\boldsymbol{a}$ 表示检波器的三分量数据:

$$\boldsymbol{a} = \begin{bmatrix} a_{11} & a_{21} & a_{31} \\ a_{12} & a_{22} & a_{32} \\ \vdots & \vdots & \vdots \\ a_{1n} & a_{2n} & a_{3n} \end{bmatrix} \tag{5-10}$$

式中,a_{ij}表示第 i 个分量的 j 个数据点,$i=1,2,3, j=1,2,\cdots,n$。

三分量数据矩阵 $\boldsymbol{a}$ 的协方差矩阵为:

$$\boldsymbol{C} = \mathrm{cov}(\boldsymbol{a}) = \begin{bmatrix} \mathrm{cov}(11) & \mathrm{cov}(12) & \mathrm{cov}(13) \\ \mathrm{cov}(21) & \mathrm{cov}(22) & \mathrm{cov}(23) \\ \mathrm{cov}(31) & \mathrm{cov}(32) & \mathrm{cov}(33) \end{bmatrix} \tag{5-11}$$

式中,$\mathrm{cov}(ij)$表示三分量数据矩阵 $\boldsymbol{a}$ 的第 i 列与第 j 列的协方差,$i=1,2,3, j=1,2,3$。

对于矩阵 $\boldsymbol{C}$,存在一标准正交矩阵 $\boldsymbol{Q}$ 使得:

$$\boldsymbol{C} = \boldsymbol{\Sigma}\boldsymbol{Q}^T = \boldsymbol{Q}\begin{bmatrix} \lambda_1 & \cdots & \cdots \\ \cdots & \lambda_2 & \cdots \\ \cdots & \cdots & \lambda_3 \end{bmatrix}\boldsymbol{Q}^T \tag{5-12}$$

式中,$\boldsymbol{\Sigma}$ 为对角矩阵,$\boldsymbol{\Sigma}$ 只有在对角线上有值,其他元素为零,且 $\lambda_1 \geq \lambda_2 \geq \lambda_3$,即 λ_1、λ_2 和 λ_3 为协方差矩阵 $\boldsymbol{C}$ 的特征值;$\boldsymbol{Q}$ 为协方差矩阵 $\boldsymbol{C}$ 的特征向量。

由此可知,当矩阵 $\boldsymbol{a}$ 表示纵波数据时,波的传播方向矢量 $\boldsymbol{P}$ 可由 λ_1 对应的 $\boldsymbol{Q}$ 的列向量来表示。需要注意的是,这里得到的只是检波器坐标系中的传播方向矢量,需要通过式(5-9)进行变换才能得到全局坐标系中的传播方向矢量。

5.1.3 微震三分量极化定位原理

空间中震源位置是唯一的,理论上各检波器监测到波的传播方向的反方向交点也必然是唯一的(图 5-3)。根据这一基本定理,提出三分量极化交汇定位方法,该方法的原理如下:

①利用极化分析方法求取直达纵波的主极化方向,获取波传播方向的方位角和入射角。

②利用波传播方向的方位角和入射角,通过两个以上三分量检波器反演震源位置。

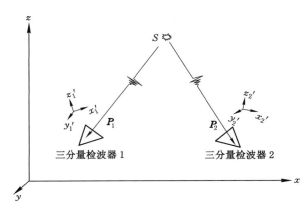

图 5-3　三分量极化交汇定位原理

5.2　微震三分量数据极化分析方法

三分量极化交汇定位的关键技术是极化分析。微震三分量数据的极化分析是指利用数学分析方法对正交三分量数据进行处理获得极化参数的一种数据处理过程。极化参数包括极化方向、极化椭圆率等。Flinn 最早提出了极化分析的数学算法[157]。极化分析不仅利用了三分量数据的时间域信息[188-195],而且利用了三分量数据的空间域信息。目前,常用协方差矩阵方法对三分量微震数据在时间域上进行极化分析[196]。也有学者研究在频域内对三分量数据进行极化分析[197-198],但是只能获得瞬时极化参数,且频域内的极化分析对噪声要求较高[199-200]。另外,还可以从三分量解析信号中进行极化分析[201],从中获取极化参数和进行波场分离。除了协方差矩阵方法[202],还可以利用最小二乘法和奇异值分解法对微震三分量数据进行极化分析。本节重点研究不同极化分析方法的基本理论,论述微震三分量数据极化分析的处理过程。

5.2.1　质点运动矢端曲线

矢量终点随时间变化的曲线被称为矢端曲线。在微震研究中,矢端曲线是指地震波传播时介质中每个质点振动随时间变化的空间轨迹,反映地震波的极化情况(图 5-4)。将质点振动三维受力情况简化成图 5-4(a)的情形,质点受到三向正交作用力,用弹簧表示这些作用力,弹簧的弹性系数分别为 k_x、k_y 和 k_z,质点振动过程就可以简化成弹簧的张拉和收缩过程。当给质点一个瞬时作用力,相当于地震波传播到该质点时质点受到的扰动应力,质点就会沿着作用力方向进行往复运动,形成振动波。理想状态下,质点只在作用力方向进行往复运动。然而,由于地层介质的不均一性,k_x、k_y 和 k_z 会发生轻微的改变,所以,一般情况下质点运动轨迹在三维空间中呈现椭球形状。通过分析质点运动的矢端曲线,可以直观地初步判断地震波的极化信息。

5.2.2 最小二乘极化分析方法

由质点运动矢端曲线可知,质点运动轨迹具有椭球形状特征,因此,可以利用最小二乘法对椭球长轴进行拟合,从而得到极化方向。确切地说是利用最小二乘法对三分量数据在空间坐标系中进行线性拟合。

假设质点运动轨迹为 (x,y,z),在一个振动轨迹周期内提取 n 个数据点,n 的大小依据薛定谔定理设置,其中 x 方向的数据为 $x=[x_1,x_2,\cdots,x_n]^{\mathrm{T}}$,$y$ 方向的数据为 $y=[y_1,y_2,\cdots,y_n]^{\mathrm{T}}$,$z$ 方向的数据为 $z=[z_1,z_2,\cdots,z_n]^{\mathrm{T}}$,矢端曲线所在的椭球的长轴 l 满足:

$$l=f(x,y,z,\omega) \tag{5-13}$$

式中,$\omega=[\omega_1,\omega_2,\cdots,\omega_n]^{\mathrm{T}}$ 为待定系数。

将极化分析的问题转化成求解 $l=f(x,y,z,\omega)$ 的待定系数 ω 的最优化问题,在给定的极化时窗内进行极化分析,通常极化时窗要求大于微震波的周期,假设极化时窗内有 m 组振动数据 $(x_i,y_i,z_i)(i=1,2,\cdots,m)$,求解目标函数:

$$L(y,f(x,y,z,\omega))=\sum_{i=1}^{m}[l_i-f(x_i,y_i,z_i,\omega_i)]^2 \tag{5-14}$$

计算式(5-14)的最小值对应的系数 $\omega_i(i=1,2,\cdots,n)$,即可得到极化方向所在的直线 l_i。将式(5-14)写成一般形式为:

$$\min f(x,y,z)=\sum_{i=1}^{m}L_i^2(x,y,z)$$

$$=\sum_{i=1}^{m}L_i^2[l_i,f(x_i,y_i,z_i\omega_i)] \tag{5-15}$$

$$=\sum_{i=1}^{m}[l_i-f(x_i,y_i,z_i\omega_i)]^2$$

式中,$L_i(x,y,z)(i=1,2,\cdots,m)$ 为残差函数。

利用最小二乘法对微震质点运动数据进行线性拟合,可得到如图 5-5 所

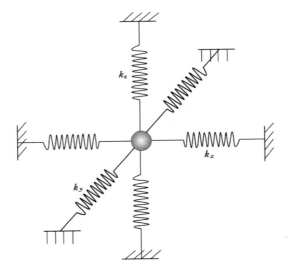

(a) 质点振动三维受力简化图

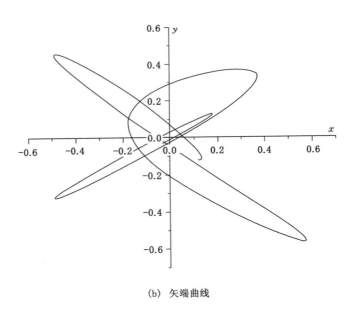

(b) 矢端曲线

图 5-4 质点振动三维受力简化模型及振动波的矢端曲线

示的结果,图 5-5 中的直线即式(5-14)中的 l_i,l_i 代表波的传播方向(P 波数据拟合)。

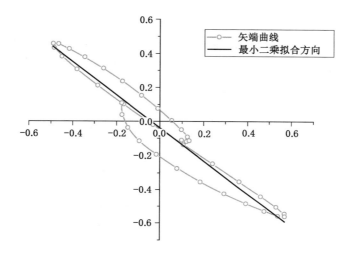

图 5-5 最小二乘极化

5.2.3 协方差矩阵极化分析方法

设极化分析时窗内有 n 个采样点,时窗内的三分量数据矩阵可由式(5-10)表示。然后用式(5-11)对三分量数据矩阵 a 进行协方差计算,便可得到协方差矩阵 C。对于矩阵 C,必定存在如式(5-12)所示的关系。

由于纵波速度比横波快,且煤矿微震监测距离短,纵横波往往来不及分离而混叠于同一时窗内,因此协方差处理时,一般选取直达波进行计算,此时式(5-10)中矩阵 a 表示的是纵波数据。因此,波的传播方向矢量 P 可由式(5-12)的 λ_1 对应的特征向量 $[L_1,m_1,n_1]^{\mathrm{T}}$ 表示。进一步结合式(5-9)进行坐标变换便可得到全局坐标系中的传播方向矢量。震源方位角 ϕ 和入射角 θ 可通过式(5-16)和式(5-17)进行计算:

$$\phi = \tan^{-1}\left(\frac{x_{\mathrm{p}}}{y_{\mathrm{p}}}\right) \tag{5-16}$$

$$\theta = \tan^{-1}\left(\frac{z_{\mathrm{p}}}{\sqrt{x_{\mathrm{p}}^2 + y_{\mathrm{p}}^2}}\right) \tag{5-17}$$

5.2.4 奇异值分解极化分析方法

奇异值分解极化分析方法与协方差矩阵极化分析方法类似,二者是基于降维的思想,奇异值分解极化分析方法的计算速率优于协方差矩阵法。因此在进行大量的微震三分量数据极化分析时,选用奇异值分解极化分析方法可减轻计算机运行负担。以下是奇异值分解极化分析方法的具体过程。

对于式(5-10)中的微震三分量数据矩阵 a,由线性代数知识可将 a 分解成:

$$a = U\Sigma V^{\mathrm{T}} \tag{5-18}$$

式中,U 和 V 均为单位正交矩阵,U 为左奇异矩阵,V 为右奇异矩阵;Σ 为奇异值矩阵,是一个对角矩阵。

直接求解式(5-18)中的 U、V 和 Σ 是比较困难的,通常利用矩阵方差的性质来求解,如:

$$aa^{\mathrm{T}} = U\Sigma V^{\mathrm{T}}V\Sigma^{\mathrm{T}}U^{\mathrm{T}} = U\Sigma\Sigma^{\mathrm{T}}U^{\mathrm{T}} \tag{5-19}$$

$$a^{\mathrm{T}}a = V\Sigma^{\mathrm{T}}U^{\mathrm{T}}U\Sigma V^{\mathrm{T}} = V\Sigma^{\mathrm{T}}\Sigma V^{\mathrm{T}} \tag{5-20}$$

其中 $\Sigma\Sigma^{\mathrm{T}}$ 和 $\Sigma^{\mathrm{T}}\Sigma$ 存在如下关系:

$$\Sigma\Sigma^{\mathrm{T}} = \begin{bmatrix} \sigma_1^2 & \cdots & \cdots \\ \vdots & \sigma_2^2 & \cdots \\ \vdots & \vdots & \sigma_3^2 \end{bmatrix}_{3\times3}, \Sigma^{\mathrm{T}}\Sigma = \begin{bmatrix} \sigma_1^2 & \cdots & \cdots \\ \vdots & \sigma_2^2 & \cdots \\ \vdots & \vdots & \ddots \end{bmatrix}_{n\times n} \tag{5-21}$$

从式(5-21)可以看出 $\Sigma\Sigma^{\mathrm{T}}$ 是 3×3 的对角矩阵,$\Sigma^{\mathrm{T}}\Sigma$ 是 $n\times n$ 的对角矩阵,二者维度不同,但是对角线上的奇异值是相等的。因此,可利用式(5-19)求左奇异矩阵 U;利用式(5-20)求右奇异矩阵 V,然后对 $\Sigma\Sigma^{\mathrm{T}}$ 或 $\Sigma^{\mathrm{T}}\Sigma$ 进行开方后得到奇异值。

对微震三分量数据进行奇异值分解后,得到 3 个奇异值 σ_1、σ_2 和 σ_3(其中 $\sigma_1 > \sigma_2 > \sigma_3$)以及左奇异矩阵 U 和右奇异矩阵 V,右奇异矩阵 V 中与 σ_1 相对应的列向量 $[o_1, p_1, q_1]^{\mathrm{T}}$ 代表最优极化方向。

如果矩阵 a 代表的是纵波三分量数据,则 $[o_1, p_1, q_1]^{\mathrm{T}}$ 表示的是检波器坐标系下波的传播方向。利用式(5-9)将 $[o_1, p_1, q_1]^{\mathrm{T}}$ 变换到全局坐标系中,得到 $[x_{\mathrm{p}}, y_{\mathrm{p}}, z_{\mathrm{p}}]^{\mathrm{T}}$,再代入式(5-16)和式(5-17)即可得到震源方位角 ϕ 和入射角 θ。

5.3 微震三分量数据极化的影响因素分析

三分量数据极化分析是三分量检波器定位研究的基础,良好的极化分析结果依赖于适宜的时窗长度、较高的信噪比和极化分析算法等。

5.3.1　时窗长度对极化结果的影响

时窗长度对极化分析结果至关重要,过长或过短的时窗都可能导致错误的结果。在煤矿井下微震监测中,P 波的尾波和 S 波往往混叠在一起,如图 5-6 所示。如果监测距离很短而采样率有限,P 波和 S 波将完全重叠。比如采样率为 10 kHz,P 波的波速是 S 波的 1.732 倍[203],P 波波速为 4 km/s,预设波的频率为 500 Hz,这种条件下检波器与震源的距离必须大于 20 m。如果波的频率更低,如天然地震,则监测距离必须大于 6 000 m 才有可能将 P 波和 S 波的初至分开。因而,如果时窗太长,如图 5-6 中的虚线,则极化数据同时包含了 P 波和 S 波,二者的极化方向在理论上是正交关系,所以包含两种波的数据极化将失去意义,得到的极化结果不符合实际情况。另外,如果时窗太短,如小于波的最小周期,此时的极化结果也不能反映真实的极化方向。

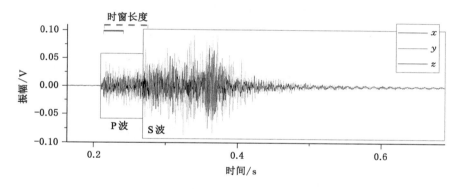

图 5-6　时窗长短对微震三分量数据极化的影响

由此可知,尽管基于三分量检波器的定位方法不需要精确的到时拾取工作,但对极化分析的时窗有着严格的要求。极化分析时窗不仅取决于监测波的频率,而且取决于监测尺度,即检波器到震源的距离。极化分析时窗内不能存在多波重叠,否则极化结果将会失真。为了获取合适的极化分析时窗长度,需要明确波的频率分布和 P 波、S 波大致的时差。极化分析的时窗既不能大于 P 波和 S 波的时差,也不能小于波的最小周期。理想状态下时窗长度只需要等于波的周期即可获得极化参数,然而实际微震波形包含着众多的背景噪声,一般极化分析时窗取 2~3 个波的周期。

5.3.2　噪声对极化结果的影响

噪声的大小决定了微震信号的质量高低。一般情况可以通过滤波处理滤除一部分噪声,但是无法完全将噪声和真实信号分离开来,因此最终的极化分析信号中都包含着噪声。噪声的存在使得反演的矢端曲线变得不光滑,这会影响进一步的极化分析。一般信噪比大于 2 的信号极化结果较好,而信噪比小于 2 时,尽管能得到极化参数,但极化结果的方差也大大增加。

5.3.3　微震三分量极化误差分析

设极化结果为一函数 f,函数 f 与变量 x 相关,其中 x 为与极化结果相关的参数,$x=(x_1,x_2,\cdots,x_n)$,n 为与极化结果相关的变量数,根据误差传递规律我们可以用式(5-22)来表示极化的总误差:

$$m_f^2=\left(\frac{\partial f}{\partial x_1}\right)^2 m_{x_1}^2+\left(\frac{\partial f}{\partial x_2}\right)^2 m_{x_2}^2+\cdots+\left(\frac{\partial f}{\partial x_n}\right)^2 m_{x_n}^2 \tag{5-22}$$

式中,m_f 为极化结果总误差;$m_{x_1},m_{x_2},\cdots,m_{x_n}$ 为相应变量的观测误差。

振动的质点在三维空间中沿着椭球面往复运动,通过极化分析可以找到椭球长轴的方向,即波的传播方向。以基于协方差矩阵的三分量数据极化分析为例,最终的极化方向误差与特征值 λ_1、λ_2 和 λ_3 有关,它们与震源定位误差有如下关系:

$$\partial \boldsymbol{P} \approx \frac{\sqrt{\delta\lambda_2 \delta\lambda_3}}{\lambda_1} \propto \left(\frac{\delta S}{S}\right) \tag{5-23}$$

式中,$\boldsymbol{P}$ 是波的传播方向矢量;S 表示震源位置参数。

式(5-23)说明震源定位误差与极化结果正相关,但需要注意的是,随着监测距离的不断加大,震源定位误差会成倍增加。

5.4　微震三分量极化定位正演模拟

5.4.1　波场模拟及数据获取

利用 COMSOL 多场物理耦合仿真软件的声固耦合模块模拟弹性波在煤岩介质中的传播(模拟过程参照本书第 2 章),并从波场中获取振动信号进行极化分析。模拟的波场和振动数据监测点布置如图 5-7 所示。震源处于模型正中心,围绕震源四周嵌入数据监测点获取位移、速度等分量作为模拟振动信号。

模拟振动信号波形如图 5-8 所示,波形中包含了直达波、反射波和折射波。

5.4.2　模拟数据极化分析

波形极化之后的极化方向反演效果如图 5-9 所示,从图中可以看出全波极化方向混乱,首波极化的结果很好,各点的极化方向皆指向了震源位置。由此可

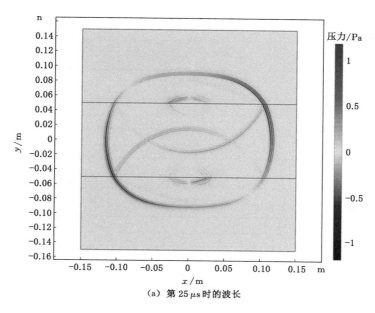

（a）第 25 μs 时的波长

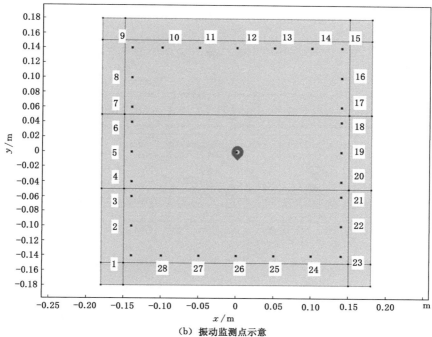

（b）振动监测点示意

图 5-7 模拟的波场及振动数据监测点布置

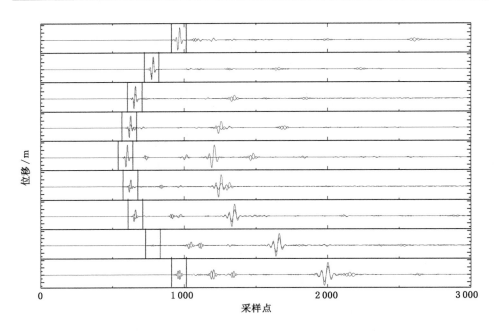

图 5-8　从模拟波场中获取的部分波形数据(框中为直达波)

知,在拾取首波的条件下,极化交汇定位法可以反演震源位置,验证了极化交汇定位法的可行性。

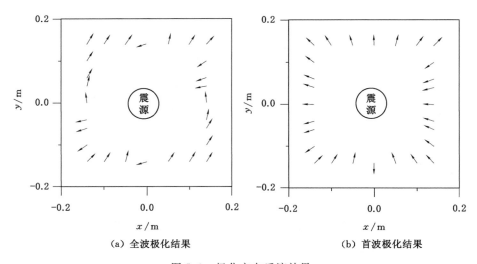

(a) 全波极化结果　　　　　　　　(b) 首波极化结果

图 5-9　极化方向反演效果

5.5 本章小结

本章采用理论研究方法,对井下水力压裂微震震源定位方法关键技术进行了研究,获得以下结论:

① 提出了三分量极化定位方法,充分利用了波的运动学特征和动力学特征,建立了基于极化分析的微震震源定位理论模型,在获取两个以上检波器三分量数据的条件下,即可通过极化方向反演震源。

② 形成了三分量极化分析关键技术,包括最小二乘极化分析方法、协方差矩阵极化分析方法和奇异值分解极化分析方法,并分析了极化时窗长度、噪声、极化算法对三分量数据极化结果的影响,其中可以利用协方差矩阵特征值 λ_1、λ_2 和 λ_3 间接表示极化误差,同时构建了自适应协方差矩阵,该矩阵可以提高协方差极化准确度。

③ 通过正演模拟验证了三分量极化定位方法的可行性,在能够拾取直达首波的条件下,获得了很好的极化结果。

6 微震三分量极化定位试验研究

第5章介绍了微震三分量极化定位理论和方法,本章进一步开展试验验证。首先建立大型微震试验平台,再开发三分量微震监测硬件系统和软件系统,最后利用所开发的系统在大型试验平台开展三分量微震监测试验,验证微震三分量极化定位方法在井下受限空间中的适用性和震源定位的准确性。

6.1 大型微震监测试验平台

微震监测尺度(图 3-1)要求微震监测试验只能在野外进行。本书充分利用试验巷道,建立了大型微震监测试验平台,如图 6-1 所示,试验平台主要包括试验巷道、微震台网、震源模拟系统、微震采集系统和微震数据处理系统五部分。

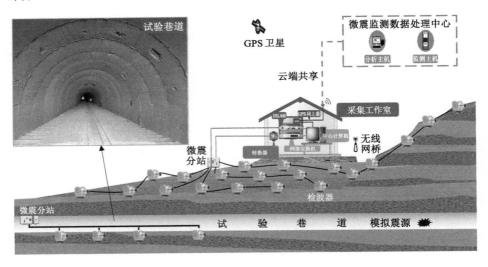

图 6-1 大型微震监测试验平台系统构成示意图

6.1.1　试验巷道

试验巷道全长 1 000 m,水平投影长度 740 m,以 1∶1 的比例模拟煤矿井下巷道(图 6-1 和图 6-2)。巷道上方地表为山地森林覆盖区,北侧有溪流穿过,山体有大量致密砂岩露出,为检波器布置提供了优良条件。巷道至地表岩层为上三叠许家河组,主要为砂岩,厚度为 2～200 m。地表覆盖 0～2 m 的残物和冲积物,主要为砂岩和黏土岩。通过测试,巷道至地表平均波速为 3 000 m/s。试验巷道远离居民区,几乎不受工业噪声干扰,巷道内可以进行瓦斯爆炸试验,具备人工震源优势。

6.1.2　微震台网

微震台网由地面台站和巷道台站组成,可根据试验需求设计不同的台网布置方式。为方便台网设计和模拟震源坐标放样,我们在巷道内和地表设计了 43 个坐标控制测点(图 6-2),并利用高精度全站仪和 GPS 对这些测点坐标进行了精确的测量,其中地表测点坐标信息如表 6-1 所示。

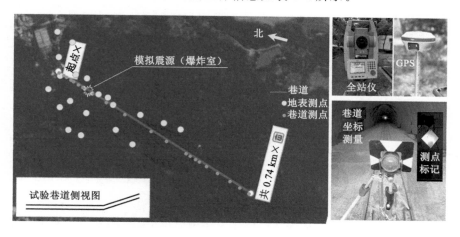

图 6-2　大型微震监测试验平台坐标控制测点测量

表 6-1　地表测点坐标信息表

测点编号	测点坐标		
	x/m	y/m	z/m
C1	63 136.596 2	62 925.033 5	231.677 7
C2	63 127.321 2	62 963.828 6	252.841 7

表 6-1(续)

测点编号	测点坐标		
	x/m	y/m	z/m
C3	63 084.967 1	63 003.622 1	279.933 7
C4	63 076.494 9	63 036.443 8	288.507 7
C5	63 182.106	62 866.592 2	211.617 7
C6	63 133.456 9	62 871.511 1	220.616 7
C7	62 994.155 6	63 287.481 5	369.96
C8	63 010.468 2	63 229.529	361.461 5
C9	63 031.631 4	63 148.387 8	327.530 1
C10	63 057.096 5	63 054.657 5	309.466 8
C11	63 034.936 6	62 962.178 4	291.508 1
C12	63 066.589 2	62 906.549	274.526 4
C13	63 066.577 6	62 906.535 6	274.528 4
C14	63 049.953 8	62 871.441 8	250.582 2
C15	63 097.754 2	62 831.572 8	244.923 7
C16	62 953.242 4	63 121.916 5	272.208 7
C17	62 991.501 5	63 064.389 4	267.666 7
C18	62 976.316 7	62 944.542 8	257.732 7
C19	62 990.353 5	62 901.256 1	257.667 7
C20	63 249.736	62 861.327 3	216.648 7
C21	63 221.653 8	62 912.716 6	233.682 6

6.1.3　震源模拟系统

震源模拟系统可通过物理作用或化学作用模拟不同工程振动。如利用高压流体致裂预制岩块模拟压裂振动;采用火药爆炸、气体爆炸模拟振动;采用高压射流模拟流体流动的振动;利用电锤模拟不同频率撞击振动;利用周围环境模拟特定环境噪声振动;等等。

6.1.4　微震采集系统

微震采集系统主要包括检波器、采集仪和计算机三部分,如图 6-3 所示。检波器监测到振动后将振动机械信号转化成电压信号,电压信号通过导线传输至采集仪,采集仪将电压信号转换成数字信号并将数字信号通过网线或光纤传输至计算机,由计算机对信号进行储存,从而实现微震信号采集。微震采集系统可同时实现数据信号采集和发送,同时满足单分量、双分量、三分量振动信号的独立采集和混合采集。微震采集系统配置有线和无线数据传输功能,可实现近距离和远程数据传输。数据传输部分由嵌入式平台和无线网络模块两部分构成。嵌入式平台主要为数据读取、收发提供接口,为操作系统提供硬件环境;无线网络模块主要负责采集数据远距离无线传输功能。

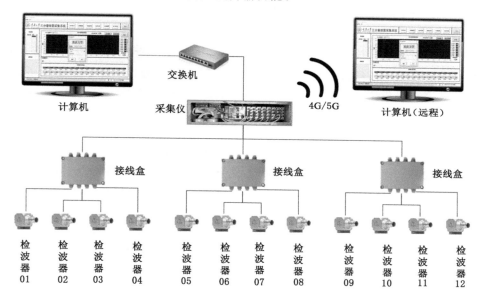

图 6-3　微震采集系统

6.1.5　微震数据处理系统

微震数据处理系统可以实现信号波形处理、震源定位、震源机制反演、震源属性识别、振动极性分析等,具备二次开发功能,可根据实际需求编制程序单独对波形数据进行其他处理。微震数据处理系统将试验得到的波形数据导入软件后,通过滤波模块设置滤波阶数、滤波门限、截止频率等相关参数,选择对应的滤波器类型对采集的原始数据背景噪声进行滤波处理,提取震源有效信号。利用长短时窗均值比法监测震源信号的变化趋势,结合特征函数和时频分析绘制走势图,再利用震相到时判别阈值拾取 P 波和 S 波的到时。根据 P 波传播方向与振动方向一致、S 波传播方向与振动方向垂直的特点,以 P 波、S 波在垂直坐标系分解后两个分量的正负极性呈现出相同或相反规律作为识别准则进行事件波形的极性分析,进而识别出微震有效事件的震相类型。对三分量 P 波初动符号进行提取并进行校正处理,选择震源模型后根据检波器的监测数据求取震源模型参数的值,以确定震源机制解。通过对震源机制空间进行格点离散处理与搜索,并计算三分量 P 波初动符号的匹配度,选择匹配度最高的分量所对应的震源机制作为反演结果。

6.2　三分量微震监测设备研制

三分量微震比单分量微震需要更多的通道数,数据存储速率要求更高。为了满足井下水力压裂微震三分量数据采集,研制了 28 通道三分量采集设备,包括检波器和采集仪两部分。

6.2.1　三分量微震检波器

三分量检波器是实现三分量微震监测的关键,经过对比分析,本书优选了具有高灵敏度的压电桥式三分量检波器。如图 6-4 所示,该三分量检波器具有体积小、质量轻的优点,能监测到正交三分量振动数据。该三分量检波器相关参数如表 6-2 所示。

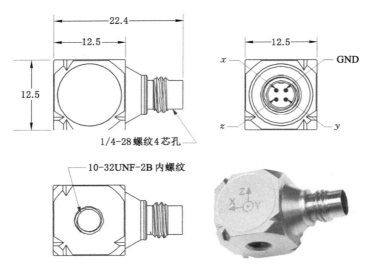

图 6-4　三分量检波器

表 6-2　检波器相关参数表

灵敏度/(mV/g)	频带响应/Hz	量程/g	最大量程/g	分度值/g	相移/Hz	温度误差	横向灵敏度/%	阻抗/Ω	电源	工作温度范围/℃	冲击极限/g
100	0.5~5 000	±50	±80	0.000 36	2~5 000	±1%FSO	1.5	<100	DC22~30 V (2~6 mA)	−40~65	100 000

6.2.2　三分量微震采集仪

三分量微震采集仪包括上位机和下位机两部分,如图 6-5 所示。其中,上位机由 CPU 主板、通信接口、防尘鼠标、显示屏、防爆壳等组成,下位机由振动输入模块、数字模块、控制模块、UPS 模块和光电转换模块等组成。三分量微震采集仪的相关参数如表 6-3 所示。

上位机

下位机

图 6-5　三分量微震采集仪上位机和下位机

表 6-3　三分量微震采集仪相关参数表

转换精度	数据传输	最大采样率	模拟输入通道数	缓存容量/GB	电源/V	输入方式	工作温度/℃
24 位	通用网线（标准 UDP、TCP 协议）	5.12(kS/s)/通道	单台 1～28 通道,可多台并联	4	AC110～220	单端输入,标准 Q9 头,适应电压/电流输出的各种传感器	−40～70

6.3　三分量微震监测软件开发

为了实现三分量微震数据的采集存储以及进一步的数据处理,开发了三分量微震采集系统软件和三分量微震数据分析系统软件。

6.3.1　三分量微震采集系统

基于 LabVIEW 开发平台,自主编写了软件开发程序,形成了三分量微震采集系统软件,软件界面如图 6-6 所示。该系统由 6 个模块组成,分别为实时显示、参数配置、连接管理、离线分析、详细报警和用户管理。该系统具有强大的可视化功能,在采集模式下可实时显示监测波形窗口,内置众多可以直接使用的控件和函数库,开发过程只需设计程序逻辑代码。在采样之前,需设置触发方式、门限值、采样率、同步时间等,然后分别连接采集仪、接线盒及传感器,实现采集系统的高速采集。

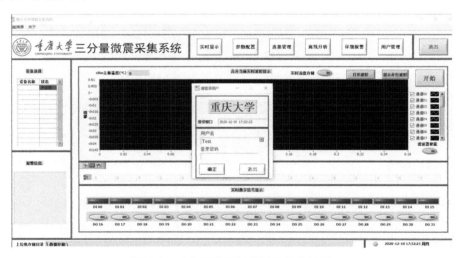

图 6-6　三分量微震采集系统软件界面

6.3.2 三分量微震数据分析系统

三分量微震数据分析系统软件由 8 个模块构成,如图 6-7 所示。项目创建模块可以为每个工程创建一个项目,并编辑和修改项目参数;数据导入模块可从指定路径导入和读取工程数据;矢端曲线模块主要用于绘制质点振动二维和三维矢端曲线图;协方差和奇异值模块用于找出质点振动主方向,二者算法不同;三向频谱模块主要用于绘制三个方向的微震波频谱图;传感器姿态模块用于寻找传感器姿态,使得三分量数据按照传感器旋转矩阵映射到地理坐标;震源定位模块用于微震震源三维坐标定位。

图 6-7　三分量微震数据分析系统软件模块结构图

（1）项目创建

该模块可以新建和编辑项目名称,设置项目负责人,输入项目创建日期,添加或删减传感器数量,设置传感器坐标,输入标定跑坐标和能量。

（2）数据导入

该模块通过指定路径读取和导入三分量数据。每个分量对应一个数组,时间序列为单独一个数组。导入数据时输入采样率,生成时间序列间隔。

（3）矢端曲线

该模块通过计算三分量数据起振时刻,并以该时刻为基准,画出左右 n 个周期的矢端曲线。矢端曲线图包括 xy 平面矢端曲线图、yz 平面矢端曲线图、xz 平面矢端曲线图、三维矢端曲线图。

（4）协方差

该模块通过计算微震纵波三分量间的协方差,构建协方差矩阵,计算协方差矩阵特征值和特征向量,输出特征值和特征向量,并绘制三维椭球体,椭球体长轴、中轴、短轴的长短和方向分别对应最大、中间、最小特征值和对应的特征向量。该椭球体的坐标为传感器坐标。

（5）奇异值

该模块通过计算微震纵波三分量数据矩阵奇异值和奇异矩阵,并绘制三维椭球体,椭球体长轴、中轴、短轴的长短和方向分别对应最大、中间、最小奇异值和对应的奇异值矩阵列向量。该椭球体的坐标为传感器坐标。

（6）三向频谱

该模块通过分别计算三分量数据频谱,并绘制各分量的频谱图,包括傅里叶变换频谱图和短时傅里叶变换频谱图。

（7）传感器姿态

该模块通过计算传感器姿态旋转矩阵,输出各个传感器旋转矩阵,输出矫正后的对应到地理坐标的三分量数据。

（8）震源定位

该模块利用协方差和奇异值分析获得的特征值/奇异值、特征向量/奇异值矩阵列向量,利用传感器姿态模块获得的旋转矩阵,计算各个传感器接收微震射线方向,并由射线方向计算出各传感器射线的焦点,输出焦点三维坐标,即微震震源坐标。

各模块的算法实现如下。

模块 1 算法:矢端曲线分析模块

输入:t_1 至 t_2 时段的三分量数据。

输出:绘制 t_1 至 t_2 时段的 x、y、z 轴的数据波形图,xy 平面矢端曲线图,yz 平面矢端曲线图,xz 平面矢端曲线图,三维矢端曲线图。

模块 2 算法:协方差分析模块

输入:t_1 至 t_2 时段的三分量数据。

输出:协方差矩阵特征值、协方差矩阵特征向量。

① 计算样本均值。

② 计算协方差矩阵。

③ 求协方差矩阵特征值和特征向量。

④ 返回协方差矩阵特征值,协方差矩阵特征向量。

模块 3 算法:奇异值分析模块

输入:t_1 至 t_2 时段的三分量数据。

输出:左奇异矩阵、奇异值矩阵、右奇异矩阵。

① 计算特征值:特征值分解 $\boldsymbol{AA}^\mathrm{T}$,其中 $\boldsymbol{A} \in \boldsymbol{R}m \times n$ 为原始样本数据。

$$\boldsymbol{AA}^\mathrm{T} = \boldsymbol{U\Sigma\Sigma}^\mathrm{T}\boldsymbol{U}^\mathrm{T}$$

得到左奇异矩阵和奇异值矩阵 $\boldsymbol{\Sigma}' \in \boldsymbol{R}m \times m$。

② 间接求部分右奇异矩阵:求 $\boldsymbol{V}' \in \boldsymbol{R}m \times n$。

利用 $\boldsymbol{A} = \boldsymbol{U\Sigma}'\boldsymbol{V}'$ 可得 $\boldsymbol{V}' = (\boldsymbol{U\Sigma}')^{-1}\boldsymbol{A} = (\boldsymbol{\Sigma}')^{-1}\boldsymbol{U}^\mathrm{T}\boldsymbol{A}$

③ 返回 $\boldsymbol{U},\boldsymbol{\Sigma'},\boldsymbol{V'}$,分别为左奇异矩阵、奇异值矩阵、右奇异矩阵。

模块 4 算法:三向频谱分析模块

输入:三分量数据 Data(i)。

输出:x 分量频谱,y 分量频谱,z 分量频谱。

① 利用傅里叶变换计算频谱:FFT(x)、FFT(y)、FFT(z)。

② 返回 x 分量频谱,y 分量频谱,z 分量频谱。

模块 5 算法:检波器姿态矫正模块

输入:标定震源坐标 $\boldsymbol{X}^*$,各传感器坐标 $\boldsymbol{S}_i$,各传感器三分量数据协方差矩阵特征值和特征向量。

输出:各传感器旋转矩阵 $\boldsymbol{M}_i$。

① 利用标定震源坐标 $\boldsymbol{X}^*$、各传感器坐标 $\boldsymbol{S}_i$、各传感器三分量数据协方差矩阵特征值和特征向量,计算各传感器旋转矩阵 $\boldsymbol{M}_i$。

$$\begin{bmatrix} \cos\gamma\cos\beta & \sin\gamma\cos\beta & -\sin\beta \\ \cos\gamma\sin\beta\sin\alpha - \sin\gamma\cos\alpha & \sin\gamma\sin\beta\sin\alpha + \cos\gamma\cos\alpha & \cos\beta\sin\alpha \\ \cos\gamma\sin\beta\cos\alpha + \sin\gamma\sin\alpha & \sin\gamma\sin\beta\cos\alpha - \cos\gamma\sin\alpha & \cos\beta\cos\alpha \end{bmatrix} \begin{bmatrix} X \\ Y \\ Z \end{bmatrix} = \begin{bmatrix} N \\ E \\ D \end{bmatrix} = \lambda \begin{bmatrix} N_i - N_c \\ E_i - N_c \\ D_i - D_c \end{bmatrix}$$

$$\boldsymbol{M}_i = \begin{bmatrix} \cos\gamma\cos\beta & \sin\gamma\cos\beta & -\sin\beta \\ \cos\gamma\sin\beta\sin\alpha - \sin\gamma\cos\alpha & \sin\gamma\sin\beta\sin\alpha + \cos\gamma\cos\alpha & \cos\beta\sin\alpha \\ \cos\gamma\sin\beta\cos\alpha + \sin\gamma\sin\alpha & \sin\gamma\sin\beta\cos\alpha - \cos\gamma\sin\alpha & \cos\beta\cos\alpha \end{bmatrix}$$

② 返回各传感器旋转矩阵 $\boldsymbol{M}_i$。

其中,α,β,γ 表示传感器分别绕 x、y、z 轴旋转的角度,$\begin{bmatrix} X & Y & Z \end{bmatrix}^{\mathrm{T}}$ 为传感器以自身三个轴为坐标系所指的方向,$\begin{bmatrix} N & E & D \end{bmatrix}^{\mathrm{T}}$ 为地理坐标轴$\begin{bmatrix} 北 & 东 & 深 \end{bmatrix}^{\mathrm{T}}$ 所指的方向,N_i、E_i、D_i 表示传感器的地理坐标 $\boldsymbol{S}_i$,N_c、E_c、D_c 表示标定震源坐标 $\boldsymbol{X}^*$。

6.4 微震三分量极化定位试验

6.4.1 试验设计

微震试验台网平台的一大特点是可以灵活设计所需要的台站布置形式来监测特定的模拟震源。为了模拟煤矿井下受限空间台网不能覆盖监测区域的工程情况,在微震试验台网平台中设计了局部临时试验小台网,如图 6-8 所示。局部小台网由布置在地表的 7 个台站组成,模拟震源处于试验巷道内,模拟震源位置偏离台网覆盖区 83.88 m。其中,台站 1 布置于试验巷道口附近的小溪边,距模拟震源 120.03 m;台站 2 布置于巷道口,距模拟震源 105.45 m;台站 3 布置于试验巷道口上方的绿地斜坡处,距模拟震源 84.47 m;台站 4 布置于巷道口右侧斜坡处的试验棚地基上,距模拟震源 93.01 m;台站 5 布置于巷道口右侧约百米的公路上,距模拟震源 137.12m;台站 6 布置于巷道口右侧 100 多米的公路上,距模拟震源 148.91 m;台站 7 则布置于较远处的路基上,距模拟震源 174.32 m。

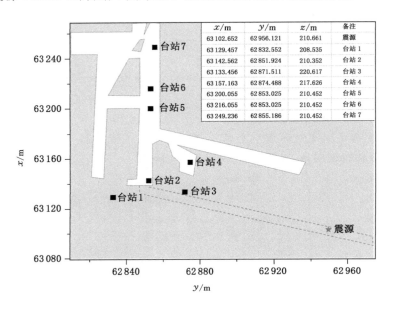

x/m	y/m	z/m	备注
63 102.652	62 956.121	210.661	震源
63 129.457	62 832.552	208.535	台站 1
63 142.562	62 851.924	210.352	台站 2
63 133.456	62 871.511	220.617	台站 3
63 157.163	62 874.488	217.626	台站 4
63 200.055	62 853.025	210.452	台站 5
63 216.055	62 853.025	210.452	台站 6
63 249.236	62 855.186	210.452	台站 7

图 6-8　三分量微震试验台站与模拟震源位置

模拟震源采用气体燃爆的方式实现,在燃爆模拟系统的密闭空间中注入 50 m³ 民用天然气,然后通过远程控制点燃天然气使其爆炸产生微震波。辐射出来的微震波由台站进行监测。台站接收到振动信号后传输给服务器进行储存和处理。

各通道信号采样率为 10 kHz,采集系统提前于点燃时间 1 min 开启,采集发震前后各 1 min 的微震波形。图 6-9 展示了包括模拟震源微震波形在内的 58 s 的波形。通过对原始波形进行带通滤波和去除直流偏移后,得到如图 6-10 所示的波形图。由图 6-10 可看出,只有台站 2 和台站 4 具有较高的信噪比,台站 3 监测到信号但信噪比低,剩余的台站没能监测到爆破振动信号。由于信号比较少,为了比较极化交汇定位法和基于到时差定位法,震源求解时分离发震时刻,即在原有基于到时差定位计算的方程组中去除发震时刻参量,从而可以利用 3 个台站到时求取震源位置,关于基于到时差定位的计算方法和流程可参考文献[93],这里不再赘述。下面重点分析极化交汇定位方法的数据处理和震源计算过程。

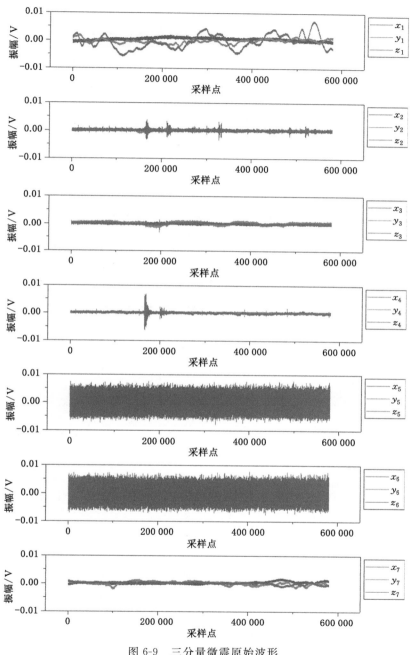

图 6-9 三分量微震原始波形

（注：x、y、z 后的下标数字表示台站编号）

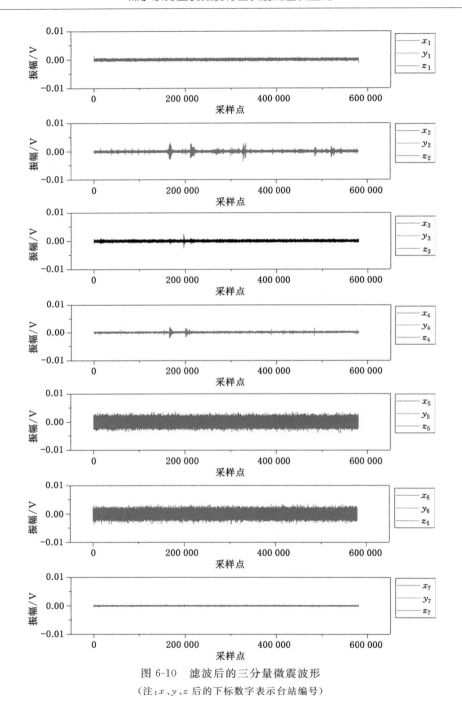

图 6-10 滤波后的三分量微震波形

（注：x、y、z 后的下标数字表示台站编号）

6.4.2 试验数据极化分析

极化分析前需要大致拾取纵波初至。本试验中,为了更好地拾取纵波初至,首先从原始波形中提取直达波前后一段距离的波形,然后进一步进行带通滤波,带通范围为 $100 \sim 400$ Hz,最后采用长短时窗能量比法拾取纵波初至,结果如图 6-11 和图 6-12 所示。拾取纵波初至后,从初至时刻开始往后选取 $1 \sim 2$ 个周期的波形进行极化分析。

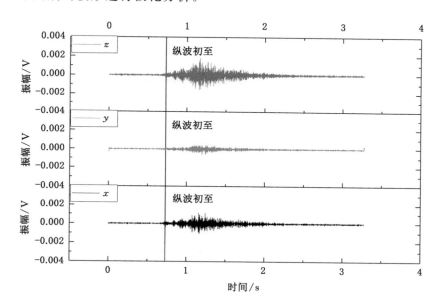

图 6-11 台站 2 监测的模拟震源三分量波形

(1) 台站 2 微震波形信号极化分析

由 5.2.1 小节可知,矢端曲线可以描述质点的运动轨迹,可以通过矢端曲线直观地观测波的振动形式,预判微震波传播方向。

台站 2 所监测的质点运动矢端曲线如图 6-13 所示。在 xy 平面内(传感器坐标系而非地理坐标系),如图 6-13(a) 所示台站 2 所监测的质点首先往 x 轴负方向运动并逐渐偏往 y 轴正方向,而后往 x 轴正方向运动并逐渐偏向 y 轴负方向,如此在第一个周期内的运动轨迹形成近似的椭圆形。在第二个周期里面,该质点近似在 xy 平面内的 x 轴方向做往复运动。在 xz 平面内,如图 6-13(b) 所示,质点运动主要徘徊在第二象限和第四象限之间,同样第一个周期里面的矢端曲线呈现出近似椭圆形,在第二周期内做往复运动。在 yz 平

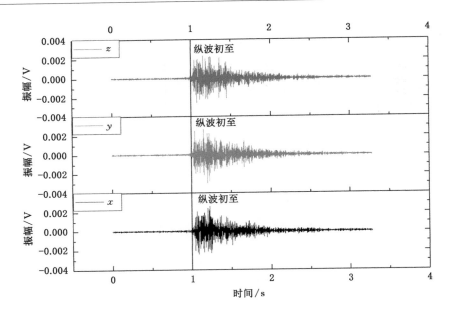

图 6-12 台站 4 监测的模拟震源三分量波形

面内,如图 6-13(c)所示,矢端曲线在第一个周期里面呈现出沿 z 轴偏 y 轴约 20°方向的椭圆形轨迹,在第二个周期里主要沿着 z 轴做往复运动。由此不难看出,台站 2 所监测的质点运动在第一个周期里面的运动轨迹近似椭圆形状,三维空间中则表现出沿着椭球表面做周期运动;在第二个周期里面的矢端曲线运动轨迹主要沿 xz 平面,且形状不规则。

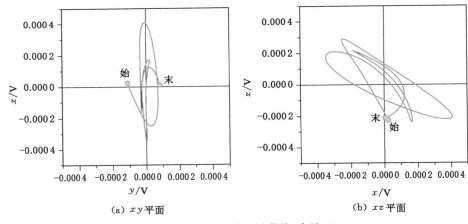

(a) xy 平面   (b) xz 平面

图 6-13 质点运动矢端曲线(台站 2)

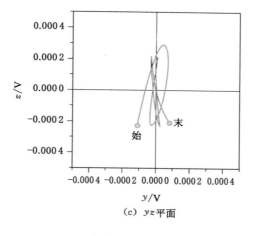

图 6-13 （续）

  由台站 2 的矢端曲线可粗略判断微震波传播方向在 xy 平面内沿着 x 轴方向传播，这与实际情况相吻合。而在 xz 平面内沿着 z 轴偏 x 轴 135° 方向传播，而实际情况是沿着近似 x 轴方向传播，二者相差约 45°。在 yz 平面内，理论上的矢端曲线应近似圆形或者在圆形轨迹附近运动，而图 6-13（c）中的轨迹与此不符。导致这一现象的原因主要是面波的存在，在地表中面波的存在致使 z 轴方向的运动与波的传播方向间的关系不再是一个定值。

  由此，可以进一步在 xy 平面内对台站 2 的质点运动进行极化分析。图 6-14 示出了基于最小二乘极化、协方差极化（COV）和奇异值分解极化（SVD）法的极化结果。最小二乘极化的结果是 x 轴偏 y 轴 1.07°，COV 和 SVD 的极化结果为 x 轴偏 y 轴 1.11°，三者的极化方向几乎完全一致，仅相差 0.04°。这表明 3 种方法在台站 2 的极化分析中没有产生差异性，这也间接地反映了台站 2 所监测的纵波具有很好的极化特性。

  （2）台站 4 微震波形信号极化分析

  台站 4 所监测的质点运动矢端曲线如图 6-15 所示，图中示出了纵波第一个周期的运动轨迹。在 xy 平面内，矢端曲线近似椭圆形［图 6-15（a）］，质点从第二象限开始往第三象限运动，其次往第四象限运动，再次往第一象限运动，最后回到第二象限；在 xz 平面内，矢端曲线呈现螺旋交织状［图 6-15（b）］，质点近似在第二象限和第四象限中做往复运动；在 yz 平面内，矢端曲线呈类圆形状［图 6-15（c）］，质点从第三象限开始围绕原点顺时针做近似圆周运动，但是到第四象限时轨迹发生扭曲，这可能是受到了局部反射波的影响。同样受到面波影

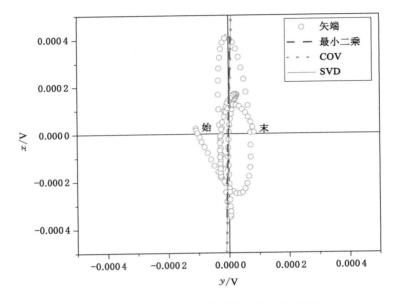

图 6-14　质点运动 xy 平面极化方向(台站 2)

响,在 xz 平面和 yz 平面内的矢端曲线与波的传播方向也存在差异。唯有在 xy 平面内的矢端曲线形态与纵波传播方向相匹配,从图 6-15(a)中可以判断纵波传播方向为 x 轴偏 y 轴约 20°。

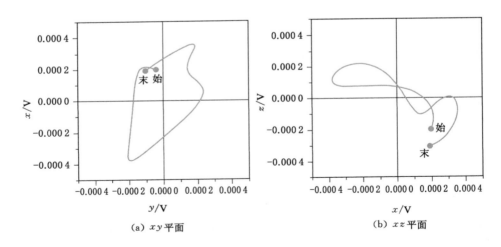

(a) xy 平面　　　　　　　　　　　(b) xz 平面

图 6-15　质点运动矢端曲线(台站 4)

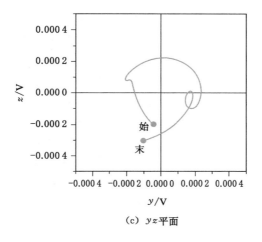

（c）yz平面

图 6-15　（续）

　　进一步地，为了获取确切的极化方向，这里采用最小二乘极化、协方差极化（COV）和奇异值分解极化（SVD）法来计算台站 4 所监测测点的极化参数。如图 6-16 所示，最小二乘的极化结果与 COV、SVD 的极化结果存在差异，这是由于最小二乘是基于线性拟合进行计算的，而 COD 和 SVD 是基于特征向量和特征值进行的最优化降维计算。台站 4 的极化结果中，最小二乘极化法所得的极化方向为 x 轴偏 y 轴 21.06°，COV 和 SVD 极化法所得的极化方向为 x 轴偏 y 轴 27.91°。

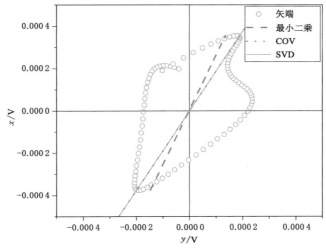

图 6-16　质点运动 xy 平面极化方向（台站 4）

6.4.3 微震三分量极化定位结果

通过极化分析,已经获得台站 2 和台站 4 的极化参数。在台站 2 的坐标系中,通过最小二乘极化法得到了波的传播方向为 x 轴偏 y 轴 1.07°,通过 COV 和 SVD 极化法得到的波的传播方向为 x 轴偏 y 轴 1.11°;在台站 4 的坐标系中,通过最小二乘极化法得到了波的传播方向为 x 轴偏 y 轴 21.06°,通过 COV 和 SVD 极化法得到的波的传播方向为 x 轴偏 y 轴 27.91°。且已知台站 2 中 x 轴与地理坐标 e 轴的夹角为 13°,台站 4 中 x 轴与地理坐标 d 轴的夹角为 20°。所以,利用 5.3 节的内容可以方便地求出交汇点,即反演出震源位置。三分量极化交汇定位结果如图 6-17 所示,通过 COV 和 SVD 极化法得到的震源与实际震源很接近,定位绝对误差仅有 1.75 m;通过最小二乘极化法得到的震源与实际震源相差较大,定位绝对误差达到了 69.19 m;而基于到时差定位法得到的震源误差更大,达到了 100.52 m。最小二乘极化法对波形数据要求较高,需要较好的矢端曲线数据才能很好地拟合出极化方向,但最小二乘极化法的计算量很小、计算速度快,在波形和始端曲线数据理想的情况下该方法可以发挥出其简单快速的优点。最小二乘极化法对于工程技术人员来说是一种简单易懂的方法,在实际运用过程中可以利用该方法进行试算。但是,为了数据处理的稳定性,COV 和 SVD 相对来说是比较好的选择。

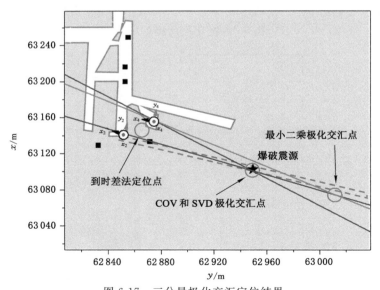

图 6-17　三分量极化交汇定位结果

(误差 $\triangle_{\text{COV,SVD}}$ = 1.75 m,$\triangle_{\text{最小二乘}}$ = 69.19 m,$\triangle_{\text{到时差法}}$ = 100.52 m)

　　总之,在台网布置受限、信噪比较好、台站数量少的困难条件下,与传统的基于到时差定位法的定位误差(100.52 m)相比,极化交汇定位误差(1.75 m)要小很多。本试验验证了极化交汇定位法的有效性。

6.5　本章小结

　　本章通过开展微震三分量极化定位试验研究,获得以下主要结论:

　　① 建立了大型微震试验平台,试验平台以 1∶1 模拟了煤矿井下巷道,适应不同台网布置需求。试验平台主要包括试验巷道、微震台网、震源模拟系统、微震采集系统和微震数据处理系统。同时开发了三分量微震监测硬件系统和软件系统,形成了一套三分量微震监测系统,包括三分量微震检波器、采集仪、采集软件和数据处理软件,该系统兼具多通道和高灵敏度的特点,为三分量微震监测试验和应用研究奠定了基础。

　　② 验证了微震三分量极化定位方法在受限空间条件下的有效性。试验对爆炸震源进行了定位研究,发现采用微震三分量极化定位方法的定位误差为1.75 m,而采用传统基于到时差定位方法的定位误差为 100.52 m,表明在受限空间台网布置受限的条件下,采用微震三分量极化定位方法可以获得更高精度的震源位置。

7 煤矿水力压裂微震监测工程应用

前文对煤系地层弹性波传播规律、煤岩水力压裂声发射特征、煤岩水力压裂微震识别以及微震震源定位进行了探索,为煤矿水力压裂微震监测工程应用提供了坚实的理论基础。本章以微震监测技术在沈阳焦煤股份有限公司红阳二矿、重庆能投渝新能源有限公司石壕煤矿和贵州贵能投资股份有限公司织金县三塘镇四季春煤矿的工程应用为背景,基于前文研究的成果,开展煤矿井下水力压裂微震监测工艺、压裂范围探测与评价方法等关键技术研究,建立基于微震震源定位的煤矿井下水力压裂范围科学探测与评价体系,指导煤矿井下水力压裂工程设计、实施、评价和优化,促进煤矿井下瓦斯安全高效抽采。

7.1 红阳二矿水力压裂微震监测

7.1.1 工程概况

红阳二矿地处松辽盆地东缘。由于该地区的煤层受大范围岩浆活动的作用,煤化程度增高,煤系地层上部普遍沉积厚层火山凝灰岩和火山碎屑岩,透气性低,对煤层瓦斯保存具有封盖作用,因此该地区的煤矿多为高瓦斯突出矿井,红阳二矿便是其中之一。红阳二矿西翼浅部煤炭即将开采完毕,需要在南翼开拓接替工作面。南翼属于瓦斯突出危险区,为了消除瓦斯突出危险,提高井下瓦斯抽采效率,该矿引进了水力压裂技术。但是,在水力压裂应用过程中,水力压裂范围不明确,严重影响了水力压裂钻孔设计和后期瓦斯抽采设计。为了获取水力压裂范围,该矿前期利用钻探法进行探测[204],但是钻探法费时费力且成本高,时效不足。本书利用微震监测技术对该矿水力压裂范围进行探测试验研究。

试验地点位于红阳二矿南翼三采区,如图 7-1(a)、(b)所示。该采区可采煤层为 7 煤和 12 煤,设计先采 12 煤,利用 12 煤作为保护层。12 煤平均倾角为 26°,平均厚度为 3.8 m,顶板为较厚的泥岩,底板为较薄的粉砂岩。12 煤瓦斯含量为 14 m³/t,瓦斯压力为 1.6 MPa。

为了消除南 12 煤瓦斯突出危险性,该矿于 2017 年 10 月开始在 −710 m 瓦斯巷实施水力压裂,压裂目的层为 12 煤兼 13 煤。设计压裂钻孔总数为 42 个,其中条带控制孔为 28 个,网格孔为 14 个。设计单孔注水量为 360 m³,注水压力为 25~30 MPa。设计压裂钻孔间距 50 m,钻孔深度为 30 m 左右,钻孔垂直于煤层,钻孔见煤点埋深约 740 m。压裂区域往西北方向 300 m 是该矿的控制断层[图 7-1(a)、(b),19 断层],受 19 断层影响,该区域最大主应力方向为 N50°W。根据《沈阳红菱煤矿地应力测量》[205],该压裂区域地应力场为:

$$\begin{cases} \sigma_H = 0.033\ 7 \times 740 - 5.154\ 3 = 19.783\ 7\ \text{MPa} \\ \sigma_h = 0.011\ 8 \times 740 + 3.219\ 4 = 11.951\ 4\ \text{MPa} \\ \sigma_v = 0.025\ 1 \times 740 = 18.574\ \text{MPa} \end{cases} \quad (7\text{-}1)$$

式中,σ_H 为最大水平应力;σ_h 为最小水平应力;σ_v 为铅直应力。

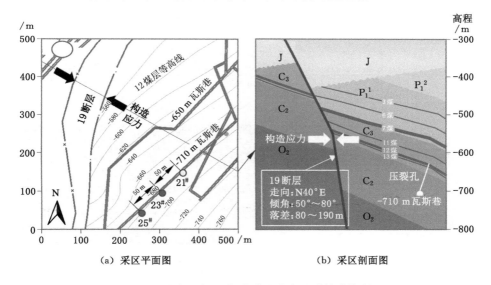

(a) 采区平面图　　　　　　　　　(b) 采区剖面图

图 7-1　试验地点地质、巷道和水力压裂钻孔情况

7.1.2　微震监测设计

煤矿井下水力压裂微震监测系统主要包括检波器、采集站、服务器和其他传输设备。井下环境复杂,合理布置这些设备是实现微震监测的必要环节。

(1) 微震监测系统布置

考虑到水力压裂注水压力较小,触发微震能量小,为了监测到更多的微震信号,本次试验将检波器全部布置在南翼−710 m 瓦斯巷内,检波器数量共计 12 个,检波器间距为 30 m,如图 7-2 所示。检波器监测的电压信号分两组汇入采集站,其中1～6号检波器为一组,7～12号检波器为另一组,其中各信道相对独立。检波器通过锚杆与巷道帮紧密耦合(图7-3),锚杆长度为2.2 m,锚杆与检波器通过特制连接器连接。检波器尾端导线接入多通道接线盒,接线盒由12芯信号线串联,信号线带有屏蔽金属层,避免信号传输沿途被高压电串扰。

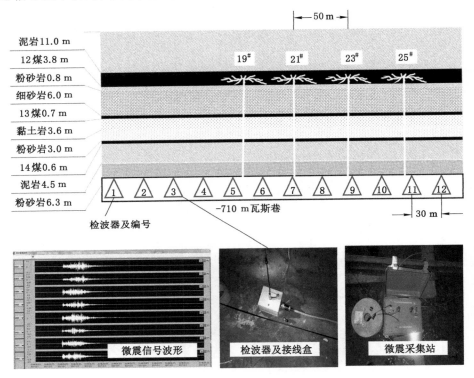

图 7-2　微震检波器布置图

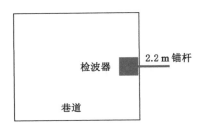

图 7-3　检波器安装示意图

采集站置于－710 m水平变电所内。一方面方便采集的信号就地并入煤矿井下工业环网,及时将信号传输到地面并反馈给工程师;另一方面方便供电、调试和检修。采集站输入电压为127 V(煤矿照明电压),采集站内置微型变压器,将输入交流电变为直流电后传输给采集主板,由采集主板向各检波器供电,当检波器内部电敏元件受到微震扰动后产生电压变化,变化的电压返回采集主板,电压信号被采集站采集从而获得原始微震信号。采集的电压信号为模拟信号,模拟信号经过采集站内的A/D转换器变为数字信号,数字信号经光纤转换器变为光信号,从而实现信号远程传输。

服务器置于地面水力压裂监控室,实时接收和储存井下产生的微震信号。服务器可以实现动态的微震信号处理和显示。

(2)试验步骤

① 微震监测系统安装。首先,考察井下巷道实际情况,选择适合安装检波器的位置。检波器安装应避免围岩松动和淋水地段,还应尽量避免频繁的井下作业扰动。选点完毕后实施检波器安装工作,检波器安装完毕后测量检波器空间坐标,本次试验检波器三维坐标如表7-1所示。其次,连接微震监测系统,主要包括各个检波器至采集站的信号线连接和传输光纤连接。微震监测系统连接完毕后,进行敲击测试,调试监测系统的运行是否正常,若有异常,则需要排除,直到微震监测系统稳定运行为止,正常运行时的敲击调试信号如图7-4(a)所示。

表7-1　检波器三维坐标

检波器编号	x/m	y/m	z/m	检波器编号	x/m	y/m	z/m
1	256.21	−2.00	1.49	7	83.00	−2.00	1.30
2	223.71	2.00	1.43	8	61.80	2.00	1.43
3	197.00	2.00	1.29	9	36.20	−2.00	1.25
4	166.20	−2.00	1.32	10	8.20	2.00	1.30
5	136.60	−2.00	1.00	11	−20.60	−2.00	1.30
6	111.80	2.00	1.25	12	−51.80	−2.00	0.75

② 波速测试。本次试验利用井下爆破进行波速测试,所测波速为3 986.12 m/s,爆破信号如图7-4(b)所示。

③ 水力压裂微震监测。记录水力压裂起止时间,水力压裂开始后,及时关注微震响应,及时反演震源位置,为水力压裂反馈数据。

7.1.3　微震监测结果分析

7.1.3.1　水力压裂微震波形特征

微震波形特征包括时域特征和频域特征,充分认识水力压裂的波形特征有

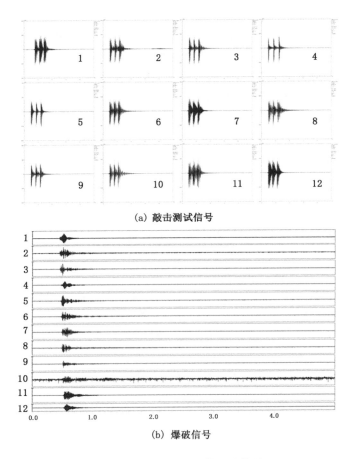

(a) 敲击测试信号

(b) 爆破信号

图 7-4 微震监测系统调试信号

助于理解水力压裂煤岩破裂规律和机制。如图 7-5 所示,在实施水力压裂的过程中,最短 3 s 内就能监测到 10 个微震事件。由此可推断,图 7-5 中的微震事件发生时,高压水正在注入煤岩层中致使煤岩层产生连续破裂,裂缝快速扩展,此时已形成小规模的裂缝网络。

从微震波形频谱分析结果中可以看出(图 7-6),本次水力压裂微震信号频率主要集中在 150 Hz 附近,爆破微震能量比水力压裂微震能量大 2 倍以上。本次水力压裂微震频率高于淮南谢桥矿的 90 Hz[48],因为本次试验检波器距离压裂区比较近,所以能够监测到较高频率的信号。对比水力压裂微震信号和爆破信号发现,水力压裂微震低频成分占比高,爆破高频成分占比高,爆破信号频率集中在 225 Hz 附近。这是因为水力压裂和爆破的震源机制不同。煤层受到水

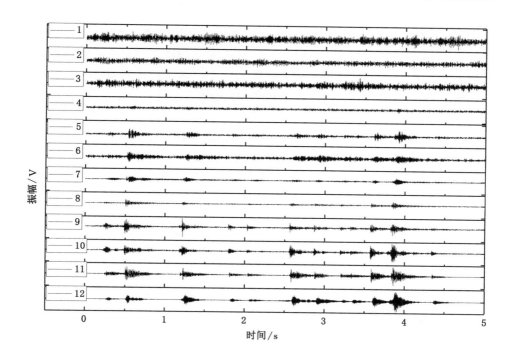

图 7-5　监测到的水力压裂微震波形

力压裂扰动,原生裂缝之间发生剪切破裂,剪切破裂释放的微震频率相对较低。
而爆破是由于炸药瞬间燃烧引起的能量急剧释放,岩体受到爆炸膨胀能量的作
用发生张破裂,且爆破对象为岩层而非煤层,岩层破裂和煤层破裂的机制本身也
存在差异(本书 3.3 节有论述)。

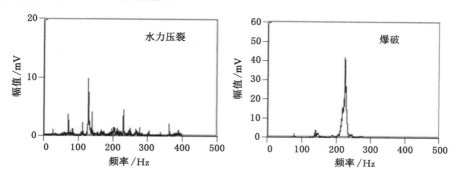

图 7-6　水力压裂与爆破微震频谱对比

图 7-5 中 5～12 号检波器有信号而 1～4 号检波器没有监测到水力压裂微震信号,这是因为 1～4 号检波器距离破裂点较远,水力压裂破裂能量小,微震波在传播过程中能量不断被煤系地层吸收,形成能量衰减。当能量衰减到检波器的灵敏度之下时,检波器将无法监测到振动信号。通过对比分析检波器监测信号振幅和检波器到震源的距离,绘制振幅衰减曲线间接表示能量衰减,其中振幅的对数与检波器到震源的距离线性相关,如图 7-7 所示,可以得到一条衰减趋势线。衰减趋势线与监测阈值的交点对应的监测距离即有效监测距离。试验结果显示,本次水力压裂微震有效监测距离约为 200 m。这一结果远低于石油压裂微震结果,石油压裂微震有效监测距离一般为 800 m。由此,进一步证明了煤矿井下水力压裂微震检波器只能布置于压裂区域附近的受限空间。

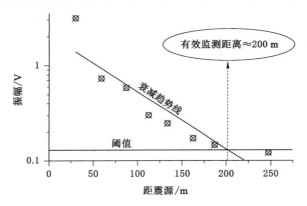

图 7-7　水力压裂微震有效监测距离

7.1.3.2　水力压裂微震能量演化特征

在时间轴上将微震能量、注水压力和注水量进行统一分析,如图 7-8 和图 7-9 所示。

① 微震能量响应具有明显的阶段特征,在每次开泵注水后的 3 h 内微震事件活跃,这段时间注水量约为 50 m³。23# 压裂孔经历了 3 次开停泵注水作业。第一次开泵时,第一个小时注入了 19 m³ 的水,压力为 26 MPa;第二个小时注入了 16 m³ 的水,压力为 26 MPa;第三个小时注入了 16 m³ 的水,压力为 26 MPa。这段时间微震活动密集,微震最大能量为 1 872 J,平均能量为 394.3 J。这表明在一开始的 3 h 内,通过以 26 MPa 的注水压力、平均 17 m³/h 的速率向 23# 压裂孔进行压裂的过程中,由于高压水的注入,扰动了煤岩层原始的应力平衡状态致使煤岩发生破裂,形成了初次压裂缝网。从 23:00 时到次日 6:00 时(图 7-8)的 7 h 内,注水速率逐渐变得缓慢,这段时间的注水量为 41 m³,平均注水速率约

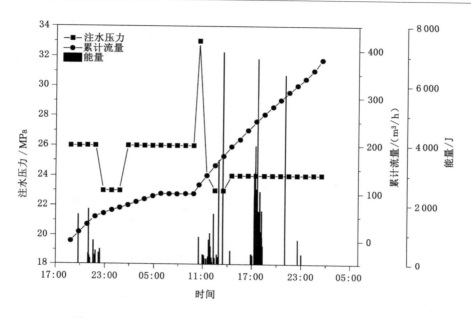

图 7-8 23#压裂孔压裂过程微震能量响应特征(3 次注水作业)

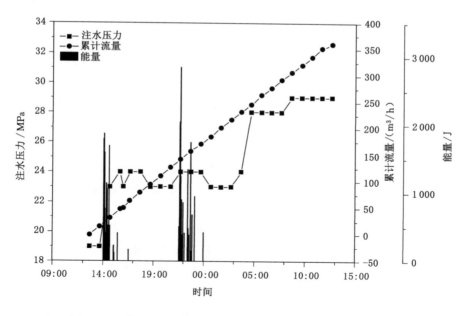

图 7-9 25#压裂孔压裂过程微震能量响应特征(2 次注水作业)

为5.9 m³/h,注水压力经历了下降又回升的过程。但是,这段时间几乎没有微震活动,一方面是由于注水速率放缓和滤失[206],另一方面是由于水在煤岩中渗流时存在沿程阻力,且随着压裂时间的推进这种沿程阻力也不断加大,致使26 MPa的注水压力不能再进一步使煤岩发生比较大的破裂。次日6:00时至10:00时期间,井下注水泵停泵休整,这段时间已经形成的初次裂缝部分会闭合,当10:30第二次开泵后,首先会打开原先闭合的裂缝,在裂缝打开的过程中裂缝周围应力受到扰动,会触发二次新破裂,形成新的二次压裂缝网。第三次停泵时间很短,当再次开泵注水时又开启了闭合的部分二次与压裂缝网,此时的微震最大能量与第二次开泵注水期间的最大能量很接近。

25#压裂孔则经历了2次开停泵作业,每次开泵之后的微震能量响应规律与23#压裂孔的相似。总之,在时间的维度上(或注水量维度上),微震总是活跃在开泵后的3 h内。

② 对单个压裂孔进行重复压裂时,微震活跃程度依次增强。23#压裂孔第一次注水阶段共监测到31个微震事件,微震平均能量为349.3 J;第二次注水阶段共监测到61个微震事件,微震平均能量为471.6 J;第三次注水阶段共监测到113个微震事件,微震平均能量为632.1 J。25#压裂孔第一次注水阶段共监测到55个微震事件,微震平均能量为475.4 J;第二次注水阶段共监测到61个微震事件,微震平均能量为523.7 J。

由此可以看出,微震能量响应特征与重复压裂有关,每次重复注水都能触发新的微震事件,形成新的裂缝网(一部分是打开原有的闭合裂缝网)。而本试验中,微震能量与注水压力大小并没有呈现正相关关系,如23#压裂孔后半段注水压力变小而微震能量变大(图7-8),25#压裂孔后半段注水压力增大却没有触发微震(图7-9)。这可能是由于实际煤层或岩层中存在天然裂缝或存在节理面较多,注水增透过程并非弹性张裂而是扰动滑移的过程。因此,建议采用短时重复压裂的形式对煤岩层进行压裂扰动增透,而非加大注水压裂,尽管加大注水压力会引发更大的微震形成更宏观的裂缝网,但是从煤矿井下安全考虑,不建议采取高压压裂。

7.1.3.3 水力压裂微震空间分布特征

微震震源的空间分布形态是水力压裂裂缝的一种表现形式。本次试验微震空间分布具有两个重要特点:一是微震首先出现于已压裂的邻近孔方向,然后在未压裂区域扩展;二是煤层倾向上部的微震多于下部的微震。下面以23#压裂孔和25#压裂孔为例进行分析。

23#压裂孔压裂结束后的微震震源定位结果如图7-10(a)所示。其中位置(125,0)为21#压裂孔所在位置,21#压裂孔已先于23#孔压裂完毕。在23#压裂孔压裂期间,21#压裂孔周边亦有微震事件产生,表明邻近孔的水力压裂范围存在交集。一方面是由于邻近孔间存在应力阴影效应,即水力压裂扰动应力区的重叠效应[207],21#压裂孔周围的裂缝受到扰动应力的影响,应力平衡被打破,由库仑强度准则可知此时裂缝面会发生剪切滑移,从而产生微震;另一方面是由于23#压裂孔的压裂裂缝扩展遇上了与21#压裂孔连接的原生裂缝或上一次压裂新生的裂缝,注入的水流向21#压裂孔方向,重新改造21#压裂孔附近的煤岩体,再一次在21#压裂孔附近形成新裂缝,产生新的微震事件。由前文的微震事件能量分析可知,当对同一个压裂孔进行再次注水压裂时,产生的微震事件能量大于上一次注水压裂的能量,从图7-10(a)中也可以看出21#压裂孔附近分布的主要是大能量微震事件(图中用震级表示能量大小关系),而小能量微震事件主要集中在23#压裂孔附近。表明23#压裂孔周围处于初次压裂状态,煤层中的原生小裂缝在水力压裂过程中聚合形成新的大裂缝,小裂缝间发生剪切破裂产生的微震事件能量小于大裂缝面滑移产生的微震事件能量,因此图中越往左微震事件能量普遍越小。由此可知,由于邻近孔的影响,大部分微震事件分布于走向方向。

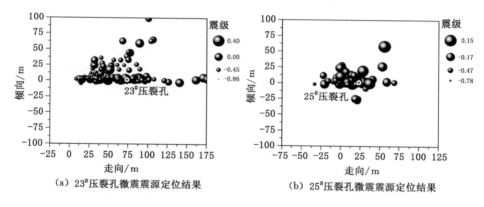

(a) 23#压裂孔微震震源定位结果   (b) 25#压裂孔微震震源定位结果

图 7-10   23#和25#压裂孔水力压裂微震震源定位结果

除了走向方向,图7-10(a)中的右上方也有微震事件分布,且能量较大。通过考察井下巷道漏水情况,发现在压裂期间在该方向上的−650 m瓦斯巷中出现了漏水情况,结合地质因素分析,19断层(图7-1)形成期间可能也形成了次一级的小断层或小裂隙带,注入的水沿着这些裂隙带流动,弱化了裂隙带力学强度并使裂隙带有效应力降低,裂隙间发生剪切破裂,从而产生微震事件。

25#压裂孔水力压裂微震震源分布如图7-10(b)所示,受到邻近孔的影响,微震事件主要分布于走向方向,且未压裂一侧的微震事件能量普遍低于已压裂一侧;受到裂隙带的影响,图7-10(b)的右上部分布有大能量微震事件。由此可知,25#压裂孔与23#压裂孔的微震震源分布规律一样,微震空间分布主要受到邻近孔和原生裂隙带的控制,水力压裂裂缝主要沿着邻近孔方向和原生裂隙带方向扩展。

由图 7-10(a)和图 7-10(b)可以看出,压裂孔之下的煤层内几乎没有产生微震事件。有两方面原因:第一是煤层倾斜,煤层极软且富含瓦斯。12 煤煤层平均倾角为 26°,从记录数据知 12 煤硬度系数 $f \approx 0.16$。软煤中新生的水力压裂裂缝是由原生裂缝连接聚合而成的,关于原生裂缝的影响已经在第 3 章中讨论了。这里讨论瓦斯的影响,12 煤瓦斯压力为 1.6 MPa,瓦斯含量为 14 m^3/t,远高于消突标准值。另外,压裂孔底部并非圆柱形,实施水力压裂钻孔时由于瓦斯喷出作用,水力压裂钻孔底部实际上是一个具有一定体积的腔体。水力压裂裂缝形成时煤体内瞬间解吸出大量瓦斯,根据煤与瓦斯突出知识[208]不难推断,瞬间解吸出的大量瓦斯使得瓦斯压力急剧增高,并突破注水压力的封锁在压裂孔底部的腔体内形成局部煤与瓦斯突出效应。由于重力作用,上部煤体优先突出,出现了水力压裂时煤层倾向上部微震多于下部微震的现象。除了本试验外,有学者在新疆地区的倾斜煤层水力压裂微震监测中也出现了同样的现象[46]。以上讨论的压裂孔底部腔体内的煤与瓦斯突出效应,实际上是软煤煤粉、瓦斯和压裂液同时参与的固气液三相流耦合的结果。关于倾向上部微震多于下部的第二个原因是煤层倾角在压裂孔处发生了转变。胡千庭等[207]研究了该巷道 19# 压裂孔的水力压裂扰动应力演化,从他们的钻孔反演煤层倾角可知,同样,23# 压裂孔和 25# 压裂孔处煤层上部倾角约为 26°,下部倾角变成了 45°以上,即煤层在该处从上往下突然变陡,所以煤层倾向上部容易发生破裂。从扰动应力演化结果也可以看出,煤层倾向上部首先出现了扰动应力,且倾向上部扰动应力急剧变化的阶段处于注水量从 0 升到 50 m^3 的阶段(图 7-11),这一阶段正好是微震事件活跃的阶段(图 7-8、图 7-9)。水力压裂微震定位结果和应力扰动结果表明,煤层倾向上部更容易受到水力压裂扰动产生微震事件,由此也证明了本试验微震震源定位的有效性。

综上所述,煤矿井下水力压裂微震有效监测距离约为 200 m;水力压裂微震事件频率主要集中在 150 Hz 附近;水力压裂微震发震时刻主要集中在压裂前期的 3 h 内,这段时间的注水量约为 50 m^3;微震空间分布主要受到邻近孔和原生裂隙带方向分布;煤层倾向上部微震事件多于下部;微震震源分布与扰动应力演化相一致,证明了微震震源定位的有效性。

7.1.4 压裂范围及效果评价

利用微震震源定位结果评价压裂范围是水力压裂微震监测最后的关键环节。为了获取较为可靠的有效压裂范围,方便指导现场工程设计,在微震监测的

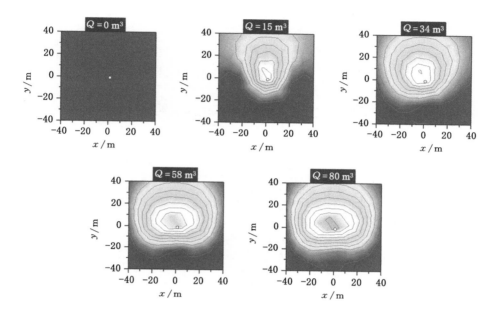

图 7-11　19# 压裂孔水力压裂扰动应力演化[207]

（注：图中 Q 为注水量，x 为走向方向，y 为倾向方向）

基础上，提出一种基于微震震源密度的水力压裂范围划定方法，如图 7-12 所示，该方法包括以下关键步骤：

① 压裂时间段为从压裂泵向压裂孔注水开始，直至压裂孔排水结束的时间段。

② 计算微震事件点到压裂煤层的中平面的距离 d_i。利用三维空间内点到平面距离的计算方法，计算微震事件点到压裂煤层的中平面的距离 d_i。计算公式如下：

$$d_i = \left| z_i - H_i - \frac{T}{2\cos\theta} \right| \qquad (7-2)$$

式中，d_i 为微震事件点到压裂煤层的中平面的距离；z_i 为微震事件点 z 轴坐标；H_i 为微震事件点竖直方向上对应的压裂煤层的底板等高线的高程；T 为压裂煤层的厚度；θ 为压裂煤层的倾角。

③ 确定定位误差 Δl，在进行波速标定的同时计算定位误差 Δl。

④ 绘制震源密度图。提取筛选后的微震事件的 x 轴和 y 轴坐标值（x_i，y_i），利用散点密度图绘制软件制作震源密度图。

⑤ 划定破裂范围。将震源密度从大到小线性划分为 A、B、C 三个等级。将 A 区域外缘与压裂孔孔底最远距离 R 作为水力压裂破裂范围的半径，该半径的

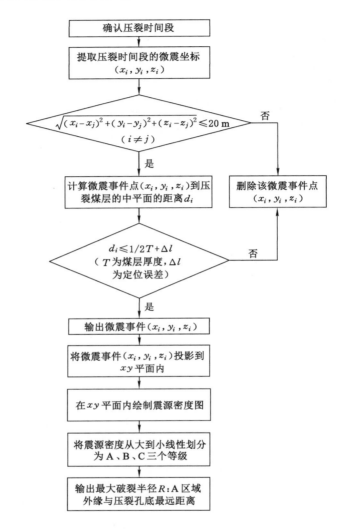

图 7-12　基于微震震源密度的水力压裂破裂范围划定方法

(注:xy 坐标系为自定义坐标系,在本节为"走向-倾向"坐标系)

圆心为压裂孔孔底。

　　水力压裂范围等级的合理划分需要确定震源密度分布的阈值。阈值等值线包围的区域往往呈现出不规则的形态。为了易于工程理解,还需将阈值等值线包围的区域进行等效处理。最后考虑破裂半径和震源位置的不确定性,归一化计算水力压裂范围及其可信度。

　　不同的水力压裂工程,微震监测的定位结果不同,震源密度也随之不同。因此,需要因地制宜地选择合适的震源密度阈值。影响震源密度阈值的因素众多,如震源能量、传感器与围岩接触紧密程度、微震波在煤系地层的衰减性质、微震信号触发阈值等等。本书将震源密度分布归一化为三个等级。本试验不同置信度的水力压裂范围如图 7-13 和图 7-14 所示。

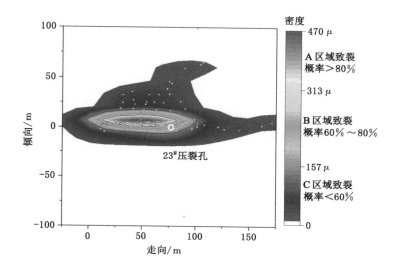

图 7-13　23# 压裂孔水力压裂范围

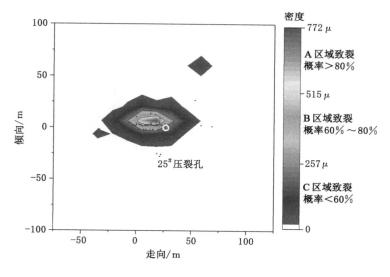

图 7-14　25# 压裂孔水力压裂范围

为了方便指导压裂孔间距设计,引入压裂半径的概念,即压裂范围边界与压裂孔的距离。最终,本试验得到的水力压裂范围评价结果如表 7-2 所示。

表 7-2　基于微震震源定位的水力压裂范围评价结果

压裂孔	压裂范围	最大半径/m	最小半径/m	置信度/%
23#	A 区	63	0	>80
	B 区	75	5	60~80
	C 区	100	18	<60
25#	A 区	26	0	>80
	B 区	36	0	60~80
	C 区	80	16	<60

注:最大半径指该区域外缘离压裂孔最远的距离;最小半径指该区域外缘离压裂孔最近的距离。

微震监测技术在红阳二矿水力压裂的应用验证了煤矿井下受限空间微震监测的有效性,有效指导了该矿的水力压裂参数优化设计,提高了瓦斯抽采效率,图 7-15 是水力压裂实施前后的瓦斯抽采浓度对比,水力压裂后的瓦斯抽采浓度较水力压裂前提高了 61%。

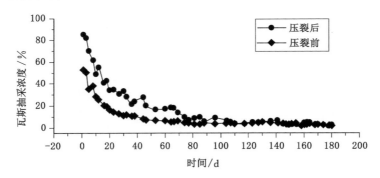

图 7-15　水力压裂实施前后的瓦斯抽采浓度对比

7.2　石壕煤矿水力压裂微震监测

7.2.1　工程概况

石壕煤矿位于重庆西南部,邻近贵州省,矿区内有 12 层煤。该矿地质条件复杂,区域应力被两个较大的地质构造所控制,一个是 N35°~55°E 走向的羊叉滩背斜,另一个是 N30°～55°E 走向的大树木向斜。石壕煤矿是典型的水力压裂推广矿井,为了评价石壕煤矿的水力压裂效果,我们在石壕煤矿北三区 12[#] 瓦斯抽采巷进行水力压裂微震监测工程试验,采区巷道和压裂孔位置如图 7-16(a)所示,采区的岩层柱状如图 7-16(b)所示,12[#] 瓦斯抽采巷与 M6、M7、M8 煤层的垂直距离分别为 54 m、44 m、37 m。水力压裂工程分为条带压裂[图 7-16(a)的 T9 孔]和网格压裂[图 7-16(a)的 W9 孔],条带压裂目标层为 M6 煤层,网格压裂目标层为 M7 煤层和 M8 煤层。M6 煤层顶板和底板均为砂质泥岩;M7 煤层顶板和底板分别为石灰岩和砂质泥岩;M8 煤层顶板和底板均为薄泥岩层,M8 煤层底板下有一层 6.88 m 厚的粉砂岩。在图 7-16(b)所示的地层中,粉砂岩具有最强的强度。

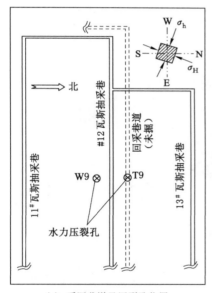

厚度/m		柱状图	岩性
单层厚度	累计厚度		
1.34	1.34		石灰岩
1.48	2.82		粉砂岩
2.20	5.02		砂质泥岩
0.93	5.95		M6煤层
2.35	8.31		砂质泥岩
1.55	9.86		石灰岩
2.05	11.91		M7煤层
1.90	13.81		砂质泥岩
3.28	17.05		粉砂岩
0.52	17.61		泥岩
2.48	20.09		M8煤层
0.38	20.47		泥岩
6.88	27.35		粉砂岩

（a）采区巷道及压裂孔位置　　　　　　（b）采区地层柱状图

图 7-16　水力压裂区域及地层岩性

水力压裂起裂压力与地层应力环境相关,为了预测注水压力,根据地应力和煤岩物理力学性质计算的起裂压力如表 7-3 所示。

表 7-3　水力压裂相关参数

煤层	瓦斯压力/MPa	瓦斯含量/(m³/t)	f 值	埋深/m	起裂压力/MPa
M6	2.36	14.41	0.4	313.87	15.84
M7	2.66	13.58	0.4	319.82	17.54
M8	3.78	16.04	0.4	327.99	17.52

注：压裂区域地应力 σ_H＝13.48 MPa，σ_h＝11.8 MPa，σ_v＝8.1 MPa。

7.2.2　微震监测设计

如图 7-17 所示，检波器沿 12# 瓦斯抽采巷均匀布置在压裂孔两侧。用于石壕煤矿水力压裂微震监测的检波器为 11 个，相邻检波器间距 10 m。检波器与巷道两帮或巷顶通过锚杆固性连接。为了提高定位精度，将一部分检波器布置在巷道左侧，另一部分检波器布置在巷道顶部，且尽可能地使检波器不共线。布置好的检波器三维坐标如表 7-4 所示。微震监测系统构成如图 7-17(b) 所示，主要包括检波器、采集分站以及上位机。

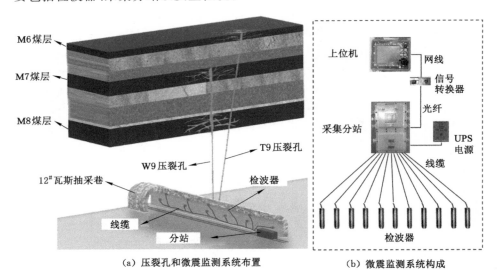

(a) 压裂孔和微震监测系统布置　　　　(b) 微震监测系统构成

图 7-17　水力压裂工程和微震监测系统空间布局

表 7-4　检波器三维坐标

检波器编号	东/m	北/m	高/m
01	750.00	453.30	236.84
02	740.00	452.10	237.40

表 7-4(续)

检波器编号	东/m	北/m	高/m
03	730.00	453.30	235.36
04	720.00	452.10	235.92
05	710.00	453.30	233.88
06	700.00	453.30	233.14
07	690.00	453.30	232.40
08	680.00	452.10	232.96
09	670.00	453.30	230.92
10	660.00	452.10	231.84
11	650.00	453.30	229.80

7.2.3　微震监测结果分析

7.2.3.1　水力压裂过程微震能量演化特征

为了更好地结合注水压力变化分析微震能量演化,将二者在时间轴上对应起来,如图 7-18 所示。石壕煤矿北三采区 12# 瓦斯抽采巷 T9 压裂孔压裂过程中共记录了 106 起微震事件,W9 压裂孔压裂过程共记录了 114 起事件。

如图 7-18(a)所示,T9 压裂孔经历了两次注水过程,第一次注水持续了450 min,第二次注水持续了 90 min,中间停止注水时长为 110 min。T9 压裂孔压裂初,注水压力从 0 MPa 逐渐增加到 9.69 MPa,过程持续时间为 70 min。随着注水压力增加,煤岩受到高压水作用发生破裂,在最初的 70 min 内,明显监测到两次强烈的微震事件,表明压力从 0 MPa 增加到 9.69 MPa 期间就已经产生了两次较大的裂纹扩展。随后一段时间内注水压力维持在 9.69 MPa 水平,直到第 125 min 时开始小幅增长,涨幅为 0.27 MPa,其间监测到一个能量为107.6 J 的微震事件。在第 125 min 之后,注水压力在很长一段时间内保持不变。直到第 376 min,注水压力突然下降,原因是注入的水与既有的裂隙带导通,且该裂隙带具有足够的体积,注入的水有了足够的卸压空间。待到注入的水充满导通的裂隙带空间之后,注水压力再次逐渐增加,并保持在 10.79 MPa 直到第一次停止注水。第二次注水时(第 564 min),注水压力迅速增加到一个峰值后又迅速下降,此过程中仅仅监测到了能量较小的微震事件。注水压力短暂降落后又回升到 13.25 MPa,且往后很少监测到微震事件。结合图 7-18(a)注水压力曲线和微震能量事件分布可以发现,第二次注水之后的注水压力比第一次的高,但第二次注水期间的微震事件能量却明显低于第一次。

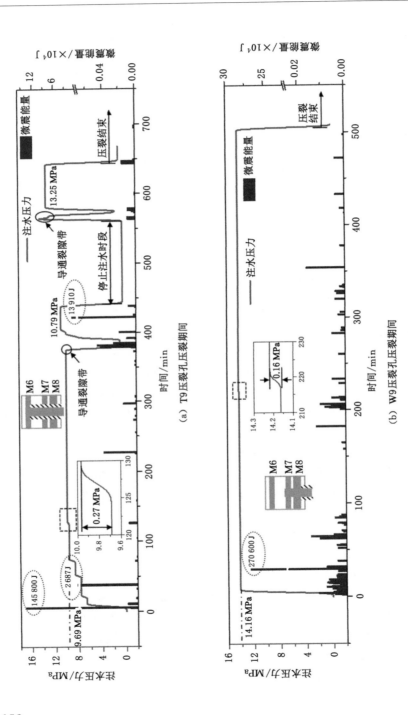

(a) T9压裂孔压裂期间

(b) W9压裂孔压裂期间

图 7-18　水力压裂过程微震能量演化特征

在 W9 压裂孔压裂期间,如图 7-18(b)所示,注水压力一开始从 0 MPa 很快提高到 14.16 MPa,其间仅消耗了 6 min,之后注水压力就一直保持在相对稳定的状态,直到整个压裂过程结束。值得注意的是,在 W9 压裂孔压裂初期的第 1 h 内,监测到了许多高能微震事件。在第 217 min 处,注水压力小幅增长,涨幅为 0.16 MPa,在这个过程前后又监测到了较多的微震事件。

可以确定的是,W9 压裂孔压裂过程中,大部分且高能量的微震事件均发生在压裂初期的第 1 h 内,这与红阳二矿的案例十分相似。再观察 T9 压裂孔的压裂结果,也发现大能量微震事件往往发生在压裂初期。T9 孔压裂过程的微震事件最大能量为 1.458×10^5 J,W9 孔压裂微震最大能量为 2.706×10^5 J,后者是前者的将近 2 倍,表明 W9 压裂孔在压裂期间产生了更大尺度的裂缝。

可以观察到现场的注水压力曲线和实验室压力曲线不同(见本书第 3 章)。实验室尺度下,当大量声发射事件发生时,注水压力会突降。然而,石壕煤矿压裂现场的高密度微震事件发生时(图 7-18),注水压力并没有出现突降。一方面,室内压裂试样具有自由面,裂缝扩展突破试样表面时,压裂突降,此时声发射能量最大、数量最多,而现场压裂中没有自由面,注入的水一般不会突然下降,除非 T9 压裂孔压裂到 376 min 时遇到大体积裂隙带[图 7-18(a)]。另一方面,也可以用水力压裂微震的干湿事件理论来解释。水到之处裂缝起裂和扩展产生的微震称为湿事件,此时裂缝是导通水的,水压作用是直接的;而水未到之处发生的微震事件称为干事件,此时水压的作用是间接的,通常干事件是煤岩体局部缺陷导致的,注水压力打破了压裂区域的应力平衡状态,在煤岩体几何不连续处(微构造、原生裂缝、弱结构面等)产生应力集中,导致煤岩体破坏或原生裂缝张开或错动。因此,在压裂中后期大多数微震事件属于干事件,尤其是对于没有压力峰值的 W9 压裂孔。

此外,W9 压裂孔的注水压力普遍高于 T9 压裂孔(图 7-18),这与瓦斯压力、煤层埋深有关。M7 煤层和 M8 煤层的瓦斯压力高于 M6 煤层的瓦斯压力(表 7-3)。为了破坏煤层,注入的水不仅要克服地应力和煤的强度,而且要克服瓦斯压力。工程实践表明,瓦斯压力、煤层埋深与注水压力正相关。然而,T9 压裂孔和 W9 压裂孔的实际注水压力都低于事先计算的压力(表 7-3)。通常水力压裂具有明显的水压峰值,称之为起裂压力。硬岩储层理论的抗拉强度规则为 $p_f = 3\sigma_h - \sigma_H - \alpha p_0 + S_t$,其中 p_f 为注水压力,σ_H 和 σ_h 分别表示最大水平主应力和最小水平主应力,p_0 为孔隙压力,α 为孔隙压力系数,S_t 为岩石抗拉强度。当方程的左侧大于右侧时,裂缝起裂,随后注水压力下降,然后继续注水使压力增加,裂缝继续起裂,周而复始形成裂缝扩展。尽管在软煤层的水力压裂过程中没有出现注水压力峰值,但从监测到的微震事件可以明确知道煤体在发生破裂。此时,硬岩储层裂缝起裂理论似乎不再适用于软煤层。现场煤层压裂过程中,流体注入过程中监测到的微震活动多归因于先前存在的天然裂缝和层理上的剪切事件,此时煤体主要发生剪切破坏而非张拉破坏(详见本书第3章的试验论证)。此外,干事件是注水压力间接作用的结果,干事件发生时也不会引起注水压力下降。

从另一个角度来看,水的弱化作用也会加速煤岩损伤。水的弱化作用是指煤岩中的矿物因水浸入而变软变弱的化学过程和物理过程。水力压裂过程中水会腐蚀煤或岩体中的某些物质,如铝土矿、蒙脱石和其他对水敏感的矿物。水的物理作用和化学作用会降低煤和岩体的强度。水的弱化作用可以表示为:

$$g(\zeta) = (1-R)(1-\zeta)^2 + R \tag{7-3}$$

式中,ζ 为含水量;$g(\zeta)$ 为单调递减函数;R 为饱和水时的强度系数。因此,实际强度可以标记为 $S_t g(\zeta)$。可以将经典的应力方程转换为:

$$p_f = 3\sigma_h - \sigma_H - \alpha P_0 + S_t g(\zeta) \tag{7-4}$$

式(7-4)反映了水弱化作用对裂缝起裂的影响。由于水弱化作用的存在,有时注水压力没有变化,也会监测到微震事件。

7.2.3.2 水力压裂微震时空分布特征分析

水力压裂微震震源定位三维图如图7-19所示。其中T9压裂孔孔底的坐标为(北,东,高)=(446.8 m,700 m,288.8 m),W9压裂孔孔底的坐标为(北,东,高)=(454.3 m,700 m,278.5 m)。T9压裂孔压裂的微震事件主要发生在M6煤层上下150 m范围,以及北-东平面200 m×200 m的范围内[图7-19(a)]。W9压裂孔压裂的微震震源主要分布在高130 m×东200 m×北200 m的范围内[图7-19(b)]。从微震震源分布来看,两个压裂孔没有处于所有震源的中心。此外,T9压裂孔压裂时大部分微震发生在M6煤层底板,W9压裂孔压裂时大部分微震发生在M7和M8煤层顶板。

水力压裂微震震源二维时空分布及其能量大小如图7-20所示。由图7-20(a)可以看出,T9压裂孔压裂期间,能量最大的微震事件发生在T9压裂孔的东北方向51.2 m处,在该事件附近还发生了次一级的大能量微震事件。W9压裂孔压裂期间,能量最大的微震事件发生在W9压裂孔西南方向17.8 m处,且南北方向的微震分布多于东西方向[图7-20(b)]。结合微震事件的位置及其发生的先后顺序

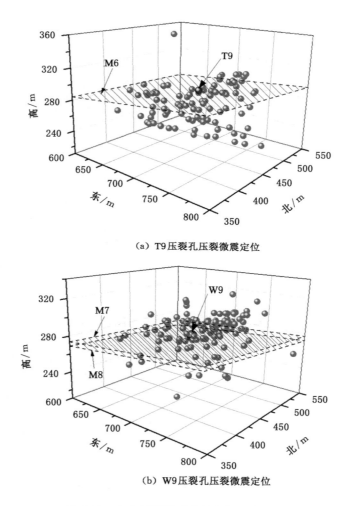

（a）T9压裂孔压裂微震定位

（b）W9压裂孔压裂微震定位

图 7-19 水力压裂微震震源定位三维图

可以发现,微震事件并不是以压裂孔为中心从近到远一次产生的,而是呈现时空无序的状态。但是水的流动和扩散一定是由近及远的,这进一步验证了微震干事件的存在。

另外,从微震震源在北-东平面的分布趋势来看,T9 压裂孔压裂后的主裂缝近似沿北东方向,W9 压裂孔压裂后的主裂缝近似于南北方向。而前期测得该地区的最小主应力 σ_h 的方位角为 209.3°（北偏东 29.3°）,根据裂缝扩展垂直于最小主应力的理论,该方向并未与微震震源分布趋势相垂直。在现场实际压裂

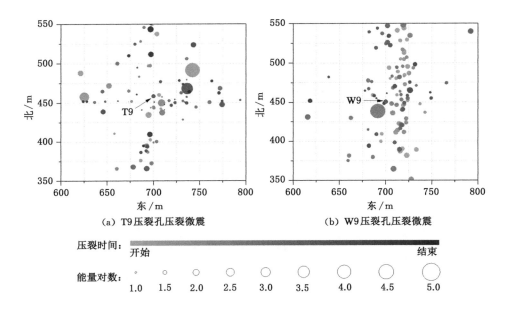

（a）T9压裂孔压裂微震   （b）W9压裂孔压裂微震

图 7-20   水力压裂微震震源二维时空分布及其能量大小

过程中,裂缝的扩展不仅受到地应力的影响,而且在很大程度上还受到地质环境的影响,如地质结构、地层深度、煤与岩石之间的不同强度及其煤岩各向异性等等。因此,当微震监测结果与区域最小主应力理论不相符时,工程师应该注意该区域可能具有小型陷落柱、微断层、天然裂缝等地质结构。

图 7-21 显示,煤层顶底板上发生了大量微震事件,表明水力压裂不仅破坏了煤层,而且破坏了煤层顶底板,即压裂裂缝延伸到了煤层顶底板的岩层中。可以观察到 M8 煤层上方的微震事件明显多于下方的微震事件,可能是由于 M8 煤层下方的厚粉砂岩（6.88 m）阻挡了压裂裂缝向下发展。相比之下,M8 煤层的顶板由泥岩、砂质泥岩和粉砂岩组成（图 7-16）。泥岩和粉砂岩地层中存在节理和天然裂缝,这些节理和天然裂缝因注水扰动发生相对错动,从而产生微震。从微震震源的竖向分布来看,如图 7-21 所示,M8 煤层和 M6 煤层之间的地层,甚至 M6 煤层的顶板,都很容易受到水力压裂的破坏。这样的结果对于瓦斯抽采是有利的,水力压裂不仅增加了煤层内部的裂缝网,而且顶底板在一定程度上也形成了压裂裂缝,扩大了瓦斯解吸扩散和流动所需要的空间和通道。

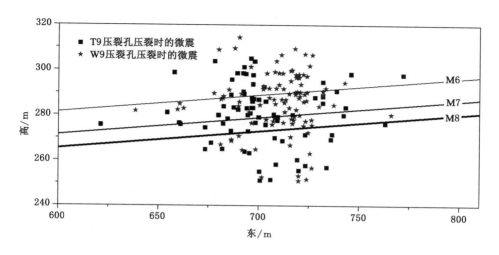

图 7-21 微震事件竖向分布及其与煤层的相对关系

7.2.4 压裂范围评价

水力压裂范围评价是为了检查是否存在压裂空白带,为后期瓦斯抽采和二次增透提供依据。这里的评价流程和方法与红阳二矿的相同,另外还将微震评价的结果与含水率测试结果进行了比较,结果如图 7-22 所示。

无论是微震监测所得的压裂范围,还是含水率测试所得的压裂范围,都没有以压裂孔为中心对称(图 7-22)。换句话说,该区域压裂裂缝的扩展受到了局部微构造的影响。从含水率的角度来看,压裂孔东侧的压裂面积要大于西侧的[图 7-22(b)、(d)、(f)],巧合的是,煤层中的大多数微震事件也都分布于压裂孔东侧[图 7-22(a)、(c)、(e)]。微震事件分布在东西方向上的跨度与含水率结果是一致的。不同的是,含水率在南北方向上分布较少,波及的距离远小于微震的结果。因此可以判断压裂孔东侧大多数微震事件属于湿事件,而北侧和南侧较远处的大多微震事件属于干事件。也就是说,压裂孔东侧的微震事件是注水压力直接作用产生的,而北侧和南侧较远处的微震事件是因注水压力间接作用后,应力场转变,局部出现应力集中引起的。关于 T9 压裂孔压裂过程周围的应力演化,本书作者也同期进行了测试,读者可以自行查阅相关文献[209]。

观察图 7-22 中含水率测试结果,发现 M8 煤层水的分布面积最大,这是因为 M8 煤层下方有一层厚的细砂岩(图 7-16)。压裂结束之后,水靠自身重力作用往下渗透,当遇到渗透率低的厚细砂岩层,就会在细砂岩层之上形成积水效应,最终导致 M8 煤层的含水率最高,波及面积最大。

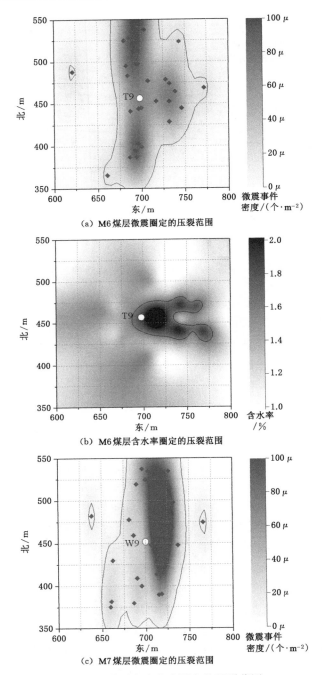

（a）M6煤层微震圈定的压裂范围

（b）M6煤层含水率圈定的压裂范围

（c）M7煤层微震圈定的压裂范围

图 7-22　微震和含水率圈定的压裂范围

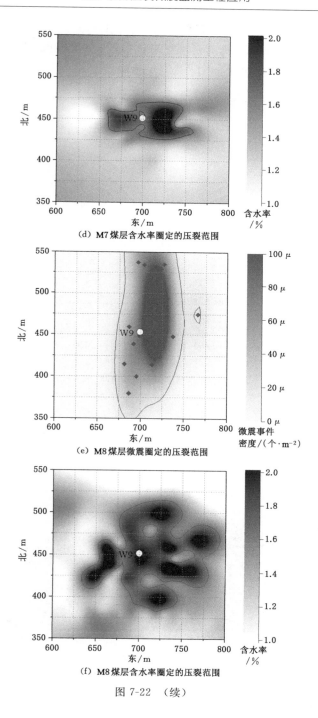

（d）M7 煤层含水率圈定的压裂范围

（e）M8 煤层微震圈定的压裂范围

（f）M8 煤层含水率圈定的压裂范围

图 7-22 （续）

为了方便瓦斯抽采设计,将水力压裂有效范围划分为4个等级,如图7-23(a)所示,并引入压裂比的概念,即有效压裂面积与对应等级区域面积之比,来评价对应等级区域的压裂效果,结果如图7-23(b)～(d)所示。

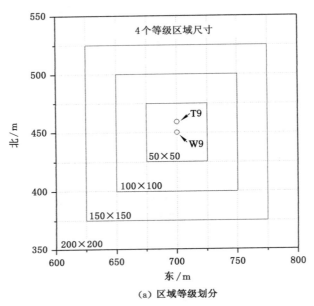

（a）区域等级划分

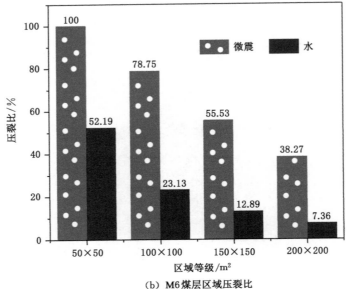

（b）M6煤层区域压裂比

图7-23　水力压裂有效范围

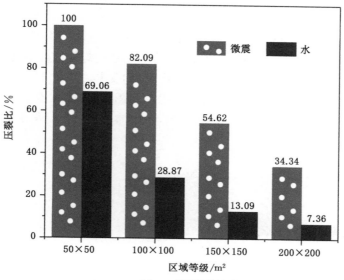

（c）M7煤层区域压裂比

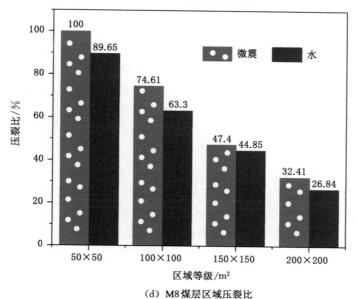

（d）M8煤层区域压裂比

图 7-23 （续）

在 50 m×50 m 等级区域中,微震评价的压裂比为 100%,随着评价区域等级的扩大,压裂比呈线性下降趋势[图 7-23(b)～(d)]。此外,下部煤层的压裂比始终略高于上部煤层,这一结果符合水向下渗流的自然规律,同时观察 M6 煤层和 M8 煤层之间的微震事件分布(图 7-21),其实二者之间已经形成了导通裂隙,因而压裂后期无论压 T9 压裂孔还是 W9 压裂孔,注入的水通过煤层间的垂直导通裂缝从上往下渗透,最终呈现下部煤层压裂比高于上部的现象。换个角度思考,煤层间的岩层裂缝网形成对瓦斯解吸、扩散、富集以及后期瓦斯抽采都是有利的。

总的来说,从石壕煤矿水力压裂微震监测和含水率对比结果来看,该区域有效压裂面积为 50 m×50 m。

7.3 四季春煤矿水力压裂微震监测

7.3.1 工程概况和微震监测设计

四季春煤矿位于贵州省毕节市,该矿煤层走向为北东—西南,倾角为 11°～14°,平均煤层厚度为 1.4 m。为提高煤层渗透率,强化瓦斯抽采效率,前期在 16# 煤层 1166 工作面实施了分段水力压裂措施。由于压裂条件和技术的限制,一些压裂钻孔没有达到预期的压裂效果,瓦斯抽采效率也没有得到提高。因此,该矿又开始在原始钻孔附近区域补充压裂孔,总共补充了 3 个新的压裂孔,再次进行分段压裂,并采用本书研究的微震监测技术对压裂效果进行评价。1166 工作面长 1 500 m,开切眼长 200 m,定向钻布置在 1166 运输巷。新补充的压裂钻孔编号分别为 #22-1、#23-1 和 #24-1,钻孔倾角为 +13°,压裂孔间距 45 m。#24-1 号压裂孔在距开切眼 25 m 处施工,设计钻孔长度为 140 m,分 3 个阶段进行压裂,每个阶段的压裂长度为 10 m,间隔为 30 m。1166 工作面水力压裂地层概况及微震监测系统布置如图 7-24 所示。

根据压裂地点巷道布置和空间条件,结合本书第 2 章提出的检波器有效监测距离,设计将微震检波器布置在 1166 工作面运输巷内。检波器分散安装在压裂钻孔两侧,检波器和压裂孔的相对位置如图 7-24(c)所示。微震检波器数量为 8 个,编号为 S1～S8。检波器三维坐标如表 7-5 所示。检波器通过螺母固定在巷帮锚杆上,如图 7-24(a)所示。检波器频响范围为 60～1 500 Hz,灵敏度为 100 V/(m/s),阻尼系数为 0.76。现场信号采集的采样率为 1 000 Hz,采用高精度时钟芯片进行时间同步。为了获取压裂区域微震传播速度,在压裂前进行三次爆破试验,爆破位置在开切眼处,通过检波器接收信号时间差计算出波速为 2 250 m/s。

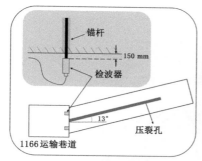

柱状图	岩性	埋深/m	厚度/m
	泥岩	536.5	34.5
	16#煤	537.9	1.4
	泥质砂岩	539.2	1.3
	粉砂岩	549.1	9.9
	粉砂质泥岩	564.6	15.5

(a) 压裂钻孔及微震检波器测视图　　　　(b) 岩层柱状图

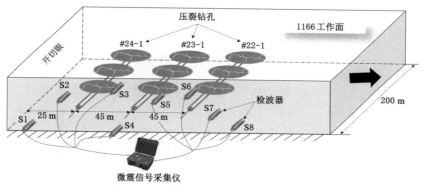

(c) 微震监测系统布置

图 7-24　1166 工作面水力压裂区地层概况及微震监测系统布置

表 7-5　检波器三维坐标

检波器编号	x/m	y/m	z/m	检波器编号	x/m	y/m	z/m
S1	0	0.98	0	S5	67.49	0.73	1.51
S2	17.3	1.10	1.45	S6	83.71	1.08	1.95
S3	36.30	1.03	2.57	S7	100.67	1.07	0.87
S4	50.14	1.25	−0.5	S8	118.46	1.05	0.13

7.3.2　微震监测结果及压裂范围

　　四季春煤矿采用的是分段压裂技术，♯22-1、♯23-1 和♯24-1 孔都采用三段式压裂。由于微震监测设备故障，♯23-1 孔的后两段压裂和♯24-1 孔的最后一段压裂期间，没有微震信号。其余的微震事件响应和注水压力曲线如图 7-25 所示。从图中可以看出，♯22-1 和♯24-1 孔的注水压力保持在 13～

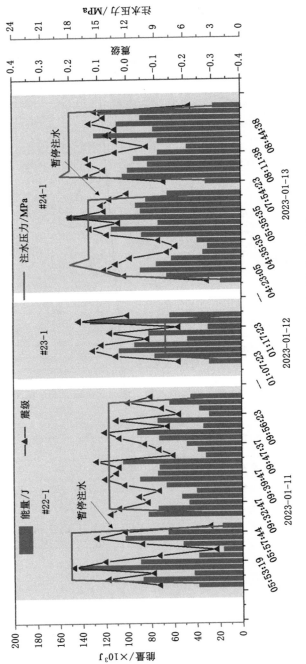

图 7-25　压裂期间的微震事件时间分布

18 MPa，♯23-1 孔的注水压力仅为 8 MPa。从微震事件的能量和震级分布来看，能量保持在 17.5～152.3 J 的范围内，震级保持在 －0.29～＋0.2 的范围内。

7.3.2.1 水力压裂微震时频特征分析

微震波形的时频特征分析对水力压裂微震事件识别和震源定位具有重要作用。这里采用小波变换对现场采集的微震信号进行时频分析。通过分析小波系数的幅度谱，可以确定信号的主频率分量以及频率的时变特征。在小波变换计算中，我们选择了频率和带宽可调的 Morse 小波基函数，它可以通过调整参数来控制频率和带宽，以适应不同频率范围和信号特性的需要，并提供更准确、更详细的时频分析结果。首先，对预处理后的微震波形信号进行小波变换，将波形信号与所选择的小波基函数进行卷积运算，进而获得时频域中的小波系数。其次，选择适当的尺度和平移参数，以获得信号的综合时频特性。最后，对小波系数进行可视化处理，得到微震信号的时频特征图。以♯22-1、♯23-1 和♯24-1 孔压裂过程微震密集发生时一个代表性波形为例，同时将压裂微震和爆破微震进行对比，结果如图 7-26 所示。

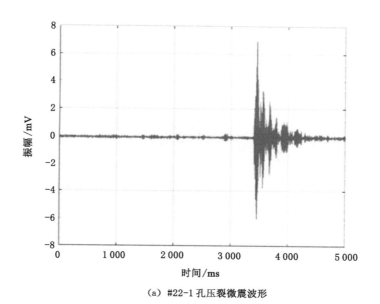

(a) #22-1孔压裂微震波形

图 7-26 压裂微震和爆破微震波形小波变换结果

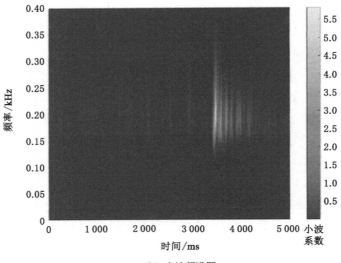

（b）小波频谱图

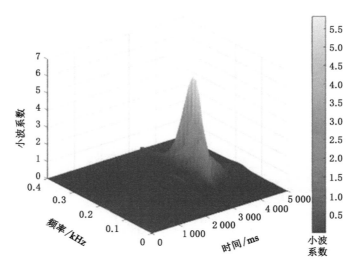

（c）3D 小波频谱

图 7-26 （续）

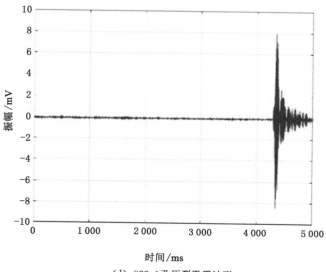

（d）#23-1孔压裂微震波形

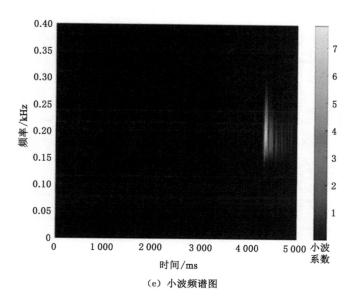

（e）小波频谱图

图 7-26 （续）

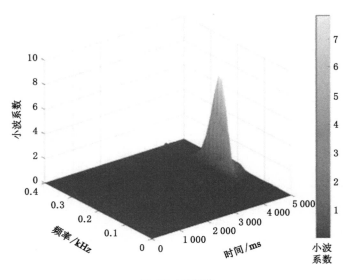

(f) 3D 小波频谱

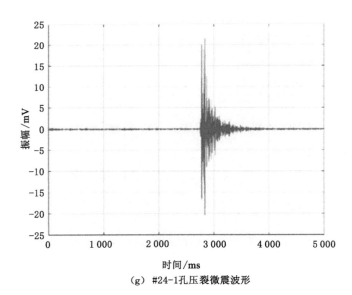

(g) #24-1孔压裂微震波形

图 7-26 （续）

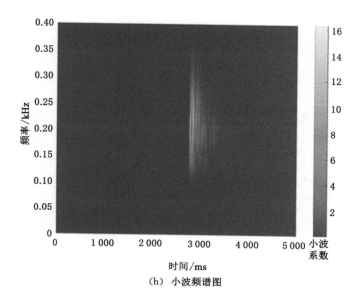

（h）小波频谱图

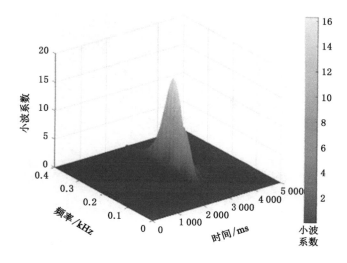

（i）3D 小波频谱

图 7-26 （续）

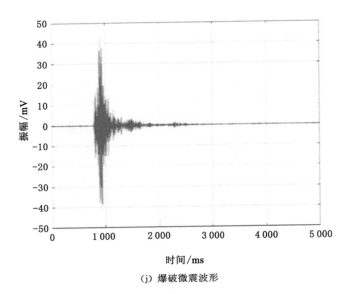

（j）爆破微震波形

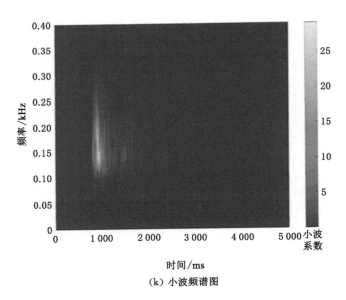

（k）小波频谱图

图 7-26 （续）

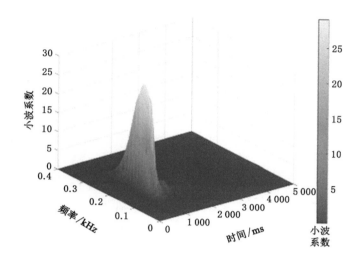

(1) 3D 小波频谱

图 7-26   (续)

　　一般情况下,压裂的微震能量要低于爆破微震能量,这一点可以从图 7-26 中的波形图中看出。此外,仔细观察图 7-26 中小波变换结果图可以发现,压裂微震信号的主频带集中在 150～300 Hz,爆破微震信号的主频带为 100～250 Hz,略低于压裂微震信号。需要注意的是,水力压裂微震主频响应有时候是多峰的,频率域的这些变化可以提供关于微震活动的进一步信息。

7.3.2.2   水力压裂微震空间分布特征

　　四季春煤矿分段压裂微震监测最终的震源定位结果如图 7-27 和图 7-28 所示。由于微震监测设备故障,本研究缺失了部分压裂段的微震信息。幸运的是,♯22-1 孔压裂段的微震信号都被完整地记录了。从 ♯22-1 孔压裂过程的微震震源分布可以看出,微震主要集中在压裂孔孔眼两侧,且大能量微震就发生在压裂孔孔底附近,也就是说压裂初期裂缝起裂的破裂能量是最大的。随着裂缝的延伸,压裂孔较远的外缘区域也逐渐监测到了较小能量的微震事件。这表明,随着裂纹的萌生和扩展,所产生的微震能量逐渐衰减,并呈现出向四周扩散的趋势。

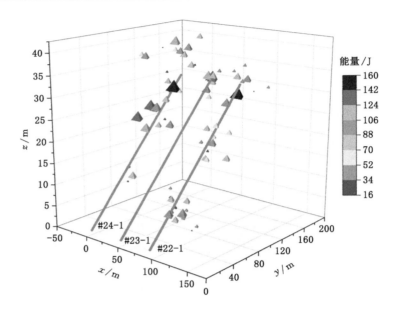

图 7-27 水力压裂微震震源定位结果三维图

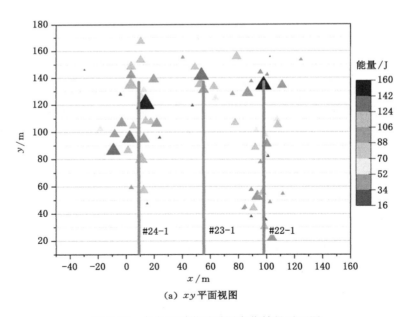

（a）xy平面视图

图 7-28 水力压裂微震震源定位结果平面图

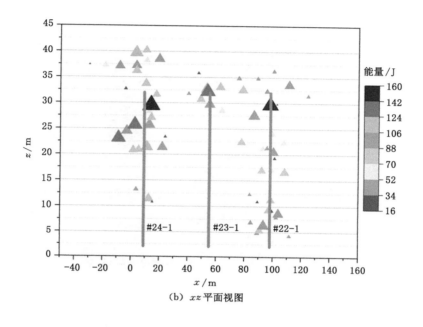

（b）xz平面视图

图 7-28 （续）

同前文介绍的案例相似，四季春煤矿水力压裂煤层内的微震事件密度如图 7-29 所示。从图中可以看出，震源点主要分布在压裂孔两侧 20 m 范围内。并且，微震事件高密度区域和分段压裂的位置相吻合。具体地，由图 7-29 可以看出，♯22-1 孔第二和第三压裂段、♯23-1 孔第一压裂段以及 ♯24-1 第一和第二压裂段的微震事件密度较高，表明这些压裂段的压裂效果较好。而♯22-1 孔第一压裂段的微震事件密度较低，且该压裂段的微震能量相对也较小，说明压裂效果欠佳。然而，在分段压裂的段与段之间，微震事件密度很小，甚至为 0。也就是说，封隔器附近很少有裂缝萌生，工程师需要留意这一点，因为在这一区域形成了一定的压裂空白带。

7.3.3 微震震源机制反演

震源机制反演是为了更好地认识水力压裂过程中煤岩破裂的力学原理。震源机制反演过程的参数包括震源类型、走向、倾角和滑动角等参数。极性分析是分析微震波形振动方向和振幅特征的常用方法，它可以揭示地下介质的应力状态和断层运动特征。通过极性分析，可以获得断层模型的倾角、走向、滑动角和拉伸方

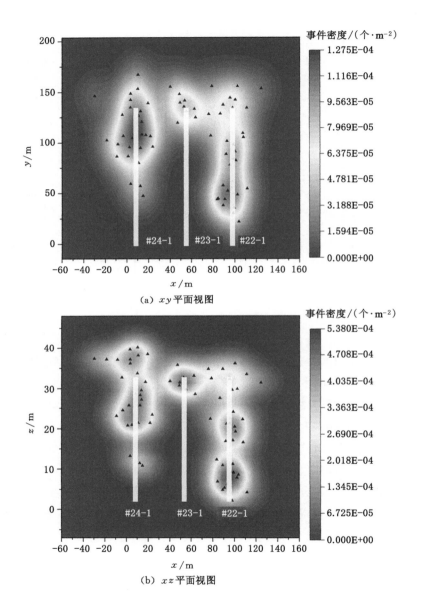

（a）xy 平面视图

（b）xz 平面视图

图 7-29 水力压裂微震事件密度图

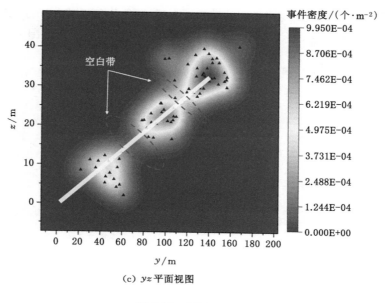

（c）yz 平面视图

图 7-29 （续）

向等参数,从而揭示应力状态和断层运动特征。如图 7-30 所示,倾角 δ 是微震波动方向与水平面之间的角度,它与地应力方向相关;走向 α 是指水平面上微震波动的方向,反映的是断层方向;滑移角 λ 表示微震波动方向相对于断层面的平行滑移角;拉伸方向 φ 表示微震波动方向相对于断层面的垂直滑动角,$\overline{u}$ 表示滑移矢量,滑移表示走向与滑移方向的旋转角;$\overline{n}$ 表示法向矢量;$\overline{d}$ 表示位移矢量。

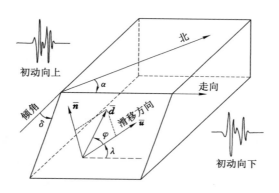

图 7-30 微震破裂参数示意图

压裂微震参数极性分析结果如图 7-31 所示,图中花瓣的长度表示该方向上数据的频率或密度。从极性分析结果可看出,倾角分布范围为 39°~49°,走向角分布范围为 61°~74°,滑移角分布集中在 44°附近,拉伸方向分布范围为 61°~77°。

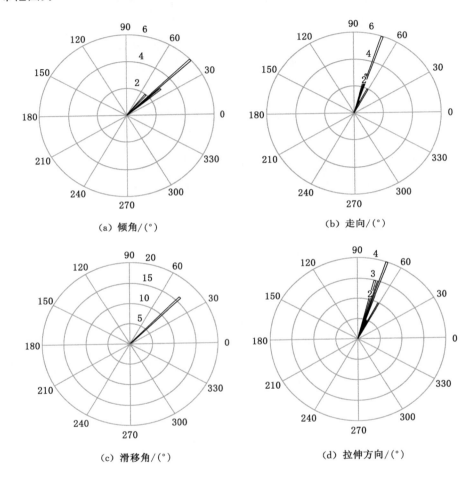

(a) 倾角/(°)　　　　　　　(b) 走向/(°)

(c) 滑移角/(°)　　　　　　(d) 拉伸方向/(°)

图 7-31　压裂微震参数极性分析结果

在水力压裂过程中,剪切破裂和张拉破裂是两种常见的类型。剪切破裂主要由煤层中的裂缝在剪切应力作用下产生,微震波形通常伴有相对较大的负振幅信号。这意味着波形中的负极性区域可以对应剪切破裂。张拉破裂是由于煤层在高压水的作用下伸展和破裂,微震波形通常伴随着相对较大的正振幅信号。因此,正极性区域对应张拉破裂。通过观察波形中的正极性区域和负极性区域的相对大小和分布,可以初步推断破裂类型。

但是由于噪声等因素的影响,使用简单窗口幅度平均的极性分析方法容易出现误分类。为了改进极性分析方法,这里引入小波变换(WT)和支持向量机(SVM)作为信号处理方法和特征提取方法,形成 WT-SVM 极性分析方法,如图 7-32 所示。小波变换可以将信号从时域变换为时频域,以提供更详细的频率和时间信息。通过应用小波变换,可以提取微震波形中的频谱特征、脉冲特征和瞬态特征,以区分不同的破裂类型。使用 SVM 作为分类器,以提取小波系数的统计特征,如平均值、方差、能量、偏度、峰度等。采用 WT-SVM 极性分析方法对分类模型进行训练和测试,得到破裂类型确定的最终结果。通过训练模型并使用特征向量作为输入,可以提高破裂类型判别的准确性。

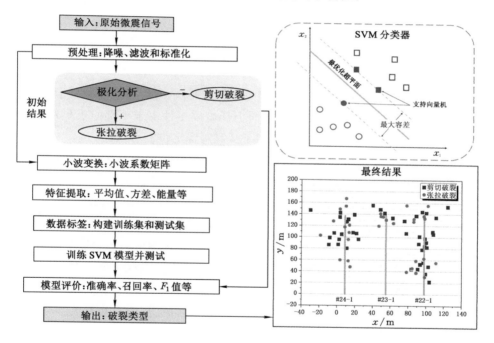

图 7-32　基于 WT-SVM 反演的破裂类型

从图 7-32 中的破裂类型分析结果可以看出,剪切破裂是煤层水力压裂破裂的主要形式,剪切破裂占 62%,张拉破裂占 38%。煤层通常由含有矿物和有机物的薄层组成,这些薄层具有层状结构和天然裂缝(见第 3 章图 3-2 和图 3-3)。在高压水的作用下,裂缝起裂并延伸到煤层内部。由于煤层的层状结构和内部裂缝的存在,裂缝的延伸往往主要以剪切破裂的形式进行。剪切破裂是煤层中沿着剪切面发生裂缝的延伸,并产生滑移。煤层中的剪切面通常是由节理面、天然裂缝面等构成。当高压水进入煤层时,这些剪切面在应力的作用下产生滑移,从而形成剪切破裂。相比之下,张拉破裂在煤层中占比较小。

7.4　本章小结

经过红阳二矿、石壕煤矿和四季春煤矿水力压裂微震监测工程应用实践分析和总结,得到以下主要结论和认识:

① 微震发震时刻集中在水力压裂注水量为 $0\sim50$ m^3 的阶段。当重复向同一个压裂孔进行注水压裂作业时产生的微震能量大于前一次注水压裂产生的微震。

② 红阳二矿微震应用实践表明,煤矿井下煤层水力压裂微震有效监测距离约为 200 m。

③ 微震主要受到邻近孔和原生裂隙带的控制,水力压裂裂缝主要沿邻近孔方向和原生裂隙带方向扩展。煤层倾向上部微震事件多于下部微震事件,微震震源分布与扰动应力演化相一致,证明了微震震源定位的有效性。

④ 提出了基于微震震源密度估计的水力压裂范围评价方法,将微震震源密度线性分割为 A、B、C 三个区域,其中 A 区域致裂概率大于 80%,B 区域致裂概率介于 60% 和 80%,C 区域致裂概率小于 60%。该方法考虑了微震定位存在误差的事实,避免了人为因素在水力压裂范围评价中导致的主观误判。

⑤ 对比含水率测试和扰动应力测试,压裂过程扰动应力波及范围最广,其次是微震事件的分布范围,最后是含水率的波及范围。由此可知压裂过程微震事件既有湿事件,又有干事件。

⑥ 薄煤层压裂过程中,微震事件不仅产生于煤层中,而且也产生于顶底板的岩层中,说明裂缝不仅沿煤层扩展,而且也导通了顶底板的岩层空间,增大了瓦斯流动空间。

⑦ 压裂微震事件密集区主要为压裂孔周围 20 m 范围,且压裂破裂事件主要以剪切破裂为主,这一点验证了本书第 3 章的室内实验研究成果。

以上认识均来自工程实践,部分已被前序章节内容所证明,部分有待进一步研究。

参 考 文 献

[1] ATKINSON G M, EATON D W, IGONIN N. Developments in understanding seismicity triggered by hydraulic fracturing[J]. Nature reviews earth & environment, 2020, 1:264-277.

[2] 中国工程院全球工程前沿项目组.全球工程前沿 2019[M].北京:高等教育出版社,2019.

[3] 中国工程院全球工程前沿项目组.全球工程前沿 2020[M].北京:高等教育出版社,2020.

[4] 中国工程院全球工程前沿项目组.全球工程前沿 2021[M].北京:高等教育出版社,2021.

[5] 中国工程院全球工程前沿项目组.全球工程前沿 2022[M].北京:高等教育出版社,2022.

[6] 中国工程院全球工程前沿项目组.全球工程前沿 2023[M].北京:高等教育出版社,2023.

[7] GRIGOLI F, CESCA S, PRIOLO E, et al. Current challenges in monitoring, discrimination, and management of induced seismicity related to underground industrial activities: a European perspective[J]. Reviews of geophysics, 2017, 55(2):310-340.

[8] 齐庆新,李一哲,赵善坤,等.我国煤矿冲击地压发展 70 年:理论与技术体系的建立与思考[J].煤炭科学技术,2019,47(9):1-40.

[9] LI L, TAN J Q, WOOD D A, et al. A review of the current status of induced seismicity monitoring for hydraulic fracturing in unconventional tight oil and gas reservoirs[J].Fuel,2019,242:195-210.

[10] BUTCHER A, LUCKETT R, KENDALL J M, et al. Seismic magnitudes, corner frequencies, and microseismicity: using ambient noise to correct for high-frequency attenuation[J]. Bulletin of the Seismological Society of

America,2020,110(3):1260-1275.

[11] SHANG X Y,TKALČIĆ H.Point-source inversion of small and moderate earthquakes from p-wave polarities and p/s amplitude ratios within a hierarchical bayesian framework:implications for the geysers earthquakes [J].Journal of geophysical research:solid earth,2020,125(2):e2019JB018492.

[12] SCHIPPKUS S,GARDEN M,BOKELMANN G.Characteristics of the ambient seismic field on a large-N seismic array in the Vienna Basin[J]. Seismological research letters,2020,91(5):2803-2816.

[13] BALASCO M,CAVALCANTE F,ROMANO G,et al.New insights into the High Agri Valley deep structure revealed by magnetotelluric imaging and seismic tomography (Southern Apennine, Italy)[J].Tectonophysics, 2021,808:228817.

[14] CHACÓN-HERNÁNDEZ F,ZÚÑIGA F R,LERMO-SAMANIEGO J,et al.Analysis of shear wave splitting parameters in los Humeros geothermal field,Puebla,Mexico[J].Journal of volcanology and geothermal research, 2021,413:107210.

[15] 尚雪义,陈勇,陈结,等.基于 Adaboost_LSTM 预测的矿山微震信号降噪方法及应用 [J/OL].煤炭学报,1-9[2024-03-21].https://doi.org/10.13225/j. cnki.jccs.2023.1228.

[16] JIANG Z Z,LI Q G,HU Q T,et al.Underground microseismic monitoring of a hydraulic fracturing operation for CBM reservoirs in a coal mine[J]. Energy science & engineering,2019,7(3):986-999.

[17] 闫江平,庞长庆,段建华,等.煤矿井下水力压裂范围微震监测技术及其影响因素[J].煤田地质与勘探,2019,47(增刊 1):92-97.

[18] 周东平,姜永东,郭坤勇,等.石壕煤矿煤层气水力压裂微地震监测技术及应用[J].渗流力学进展,2018,8(1):7-13.

[19] GIBOWICZ S J,LASOCKI S.Seismicity induced by mining[J].Publications of the Institute of Geophysics,Polish Academy of Sciences,series M:miscellanea, 1990,25:201-242.

[20] 张少泉,张诚,修济刚,等.矿山地震研究述评[J].地球物理学进展,1993 (3):69-85.

［21］李世愚,和雪松,张少泉,等.矿山地震监测技术的进展及最新成果[J].地球
物理学进展,2004,19(4):853-859.

［22］MENDECKI A J.Seismic monitoring in mines[M].London:Chapman &
Hall,1997.

［23］李庶林,尹贤刚,郑文达,等.凡口铅锌矿多通道微震监测系统及其应用研
究[J].岩石力学与工程学报,2005,24(12):2048-2053.

［24］谢鹏飞,明月.基于 SOS 微震监测系统的综放工作面来压周期分析[J].工
程地质学报,2012,20(6):986-991.

［25］HIRAMATSU Y, YAMANAKA H,TADOKODR K,et al.Scaling law
between corner frequency and seismic moment of microearthquakes:is the
breakdown of the cube law a nature of earthquakes? [J].Geophysical
research letters,2002,29(8):51-52.

［26］LUO X, HATHERLY P. Application of microseismic monitoring to
characterise geomechanical conditions in longwall mining[J].Exploration
geophysics,1998,29(3/4):489-493.

［27］赵向东,陈波,姜福兴.微地震工程应用研究[J].岩石力学与工程学报,
2002,21(增刊 2):2609-2612.

［28］姜福兴.微震监测技术在矿井岩层破裂监测中的应用[J].岩土工程学报,
2002,24(2):147-149.

［29］潘一山,赵扬锋,官福海,等.矿震监测定位系统的研究及应用[J].岩石力学
与工程学报,2007,26(5):1002-1011.

［30］谢庆明,李大华,张海江,等.渝南地区煤层气压裂微地震地面监测技术研
究[J].地球物理学进展,2019,34(4):1530-1534.

［31］佚名.中科微震高精度智能微震监测系统[J].黄金科学技术,2018,
26(6):829.

［32］段建华,闫文超,南汉晨,等.井-孔联合微震技术在工作面底板破坏深度监
测中的应用[J].煤田地质与勘探,2020,48(1):208-213.

［33］胜山邦久.声发射(AE)技术的应用[M].冯夏庭,译.北京:冶金工业出版
社,1996.

［34］HANSON M E,NIELSEN P E,SORRELLS G G,et al.Design,execution,and
analysis of a stimulation to produce gas from thin multiple coal seams[C]//SPE
Annual Technical Conference and Exhibition, September 27-30,1987, Dallas,

Texas.[S.l.]:Society of Petroleum Engineers,1987:259-268.

[35] JOHNSON R L,SCOTT M P,JEFFREY R G,et al.Evaluating hydraulic fracture effectiveness in a coal seam gas reservoir from surface tiltmeter and microseismic monitoring[C]//SPE Annual Technical Conference and Exhibition, September 19-22, 2010, Florence, Italy. [S. l.]: Society of Petroleum Engineers,2010:528-555.

[36] BENTLEY P J,JIANG H,MEGORDEN M.Improving hydraulic fracture geometry by directional drilling in a coal seam gas formation[C]//All Days. November 11-13, 2013. Brisbane, Australia. [S. l.]: Society of Petroleum Engineers,2013:552-572.

[37] DURANT R,FRANCIS T,BRAIKENRIDGE R L,et al.Hybrid downhole microseismic and microdeformation monitoring of a vertical coal seam gas well[C]//SPE Asia Pacific Oil and Gas Conference and Exhibition 2016, October 25-27, 2016, Perth, Australia. [S. l.]: Society of Petroleum Engineers,2016:66-67.

[38] RODRÍGUEZ-PRADILLA G.Microseismic monitoring of a hydraulic-fracturing operation in a CBM reservoir:case study in the Cerrejón Formation, Cesar-Ranchería Basin,Colombia[J].The leading edge,2015,34(8):896-902.

[39] HALINDA D,WEATHERALL G D,SESARO A W,et al.The microseismic monitoring of hydraulic fracturing of a CBM through simultaneous use of downhole monitoring tools in the stimulated and an offset well a case study-Sanga Sanga CBM, Mahakam Delta, East Kalimantan [C]//Asia Pacific Unconventional Resources Conference and Exhibition 2013:Delivering Abundant Energy for a Sustainable Future, November 11-13, 2013, Brisbane, Australia. [S.l.]:Society of Petroleum Engineers,2013:942-953.

[40] RY R V,SEPTYANA T,WIDIYANTORO S,et al.Borehole microseismic imaging of hydraulic fracturing:a pilot study on a coal bed methane reservoir in Indonesia[J].Journal of engineering and technological sciences,2019,51(2):251-271.

[41] ZIMMER U.Microseismic mapping of hydraulic treatments in Coalbed-Methane(CBM)formations:challenges and solutions[C]//SPE Asia Pacific Oil and Gas Conference and Exhibition 2010, October 18-20, 2010,

Brisbane,Australia.[S.l.]:Society of Petroleum Engineers,2010:516-522.

[42] 赵博雄,王忠仁,刘瑞,等.国内外微地震监测技术综述[J].地球物理学进展,2014,29(4):1882-1888.

[43] 张平,吴建光,孙晗森,等.煤层气井压裂裂缝井下微地震监测技术应用分析[J].科学技术与工程,2013,13(23):6681-6685.

[44] TIAN L,CAO Y X,LIU S M,et al.Coalbed methane reservoir fracture evaluation through the novel passive microseismic survey and its implications on permeable and gas production[J].Journal of natural gas science and engineering,2020,76:103181.

[45] 刘博,徐刚,杨光,等.煤层气水力压裂微地震监测技术在鄂尔多斯盆地东部 M 地区的应用[J].测井技术,2017,41(6):708-712.

[46] 张军,赵琛,王建立,等.不同倾角煤层气井的水力压裂微震监测[J].地球物理学进展,2021,36(3):1166-1175.

[47] 周东平,李栋.煤矿井下水力压裂裂缝监测技术研究[J].煤炭技术,2017,36(11):151-154.

[48] LI N,HUANG B X,ZHANG X,et al.Characteristics of microseismic waveforms induced by hydraulic fracturing in coal seam for coal rock dynamic disasters prevention[J].Safety science,2019,115:188-198.

[49] REID H F.The elastic-rebound theory of earthquakes[J].Bulletin of the Seismological Society of America,1911,2:98-100.

[50] AKI K,RICHARDS P G.Quantitative seismology:theory and methods [M].San Francisco:W.H.Freeman,1980.

[51] MCGARR A.Violent deformation of rock near deep-level,tabular excavations—seismic events[J].Bulletin of the Seismological Society of America,1971,61:1453-1466.

[52] GAY N C,ORTLEPP W D.Anatomy of a mining-induced fault zone[J].Geological Society of America bulletin,1979,90(1):47.

[53] NUR A.Dilatancy,pore fluids,and premonitory variations of t_s/t_p travel times[J].Bulletin of the Seismological Society of America,1972,62(5):1217-1222.

[54] WHITCOMB J H,GARMANY J D,ANDERSON D L.Earthquake prediction:variation of seismic velocities before the San Francisco Earthquake[J].Science,

1973,180:632-635.

[55] SCHOLZ C H. The mechanics of earthquakes and faulting[M]. Cambridge, UK:Cambridge University Press,1990.

[56] FOULGER G R,LONG R E,EINARSSON P,et al.Implosive earthquakes at the active accretionary plate boundary in northern Iceland[J].Nature,1989,337: 640-642.

[57] 杨清源,陈献程,胡毓良.诱发地震中的非双力偶震源[J].地震地磁观测与研究,1994,15(1):1-4.

[58] 梁冰,章梦涛.矿震发生的黏滑失稳机理及其数值模拟[J].阜新矿业学院学报(自然科学版),1997,16(5):521-524.

[59] 宋建潮,刘大勇,王恩德,等.断层型矿震成因机理及预测方法研究[J].矿业工程,2007,5(3):16-18.

[60] 潘一山,赵扬锋,马瑾.中国矿震受区域应力场影响的探讨[J].岩石力学与工程学报,2005,24(16):2847-2853.

[61] 唐礼忠.深井矿山地震活动与岩爆监测及预测研究[D].长沙:中南大学,2008.

[62] 曹安业.采动煤岩冲击破裂的震动效应及其应用研究[D].徐州:中国矿业大学,2009.

[63] 张少泉,关杰,刘力强,等.矿山地震研究进展[J].国际地震动态,1994(2): 1-6.

[64] 李庶林,尹贤刚.矿山微震震源机制的初步研究[J].矿业研究与开发,2006, 26(增刊1):141-146.

[65] ELLSWORTH W L. Injection-induced earthquakes[J]. Science,2013, 341(6142):1225942.

[66] 雷毅.松软煤层井下水力压裂致裂机理及应用研究[D].北京:煤炭科学研究总院,2014.

[67] 吴晶晶,张绍和,孙平贺,等.煤岩脉动水力压裂过程中声发射特征的试验研究[J].中南大学学报(自然科学版),2017,48(7):1866-1874.

[68] LI N,ZHANG S C,ZOU Y S,et al.Experimental analysis of hydraulic fracture growth and acoustic emission response in a layered formation[J]. Rock mechanics and rock engineering,2018,51(4):1047-1062.

[69] HU Q T,LIU L,LI Q G,et al.Experimental investigation on crack competitive

extension during hydraulic fracturing in coal measures strata[J].Fuel,2020,
265:117003.

[70] 廉超,李胜乐,董曼,等.球面交切法地震定位[J].大地测量与地球动力学,
2006,26(2):99-103.

[71] 周建超,赵爱华.三维复杂速度模型的交切法地震定位[J].地球物理学报,
2012,55(10):3347-3354.

[72] 毛元彤.三维各向异性介质地震波走时计算与地震定位的方法研究[D].北
京:中国地震局地球物理研究所,2019.

[73] GENDZWILL D,PRUGGER A.Algorithms for micro-earthquake location
[C]//Proceedings of 4th Conference on Acoustic Emission/Microseismic
activity in geologic structures and materials, 22-24 October 1985,
Pennsylvania. Clausthal-Zellerfeld, Germany: Trans Teck Publicaiton,
1989:601-605.

[74] 田玥,陈晓非.地震定位研究综述[J].地球物理学进展,2002,17(1):
147-155.

[75] LEE W H K,LAHR J V.A computer program for determining hypocenter,
magnitude, and first motion pattern of local earthquakes[R].[S.l.:s.n.]:1975.

[76] KLEIN F W.Hypocenter location program hypoinverse:part Ⅰ.Users
guide to Versions 1,2,3,and 4.[R].[S.l.:s.n.]:1978.

[77] LIENERT B R,BERG E,FRAZER L N.HYPOCENTER:an earthquake
location method using centered, scaled, and adaptively damped least
squares[J].Bulletin of the Seismological Society of America,1986,76(3):
771-783.

[78] NELSON G D,VIDALE J E.Earthquake locations by 3-D finite-difference
travel times[J].Bulletin of the Seismological Society of America,1990,
80(2):395-410.

[79] THURBER C,TRABANT C,HASLINGER F,et al.Nuclear explosion
locations at the Balapan, Kazakhstan, nuclear test site:the effects of high-
precision arrival times and three-dimensional structure[J].Physics of the
earth and planetary interiors,2001,123(2/3):283-301.

[80] SMITH E G C.Scaling the equations of condition to improve conditioning
[J]. Bulletin of the Seismological Society of America, 1976, 66 (6):

2075-2081.

[81] LEE W K,STEWART S.Principles and applications of microearthquake networks[M].New York:Academic Press,1981.

[82] ANDERSON K R.Robust earthquake location using M-estimates[J]. Physics of the earth and planetary interiors,1982,30(2):119-130.

[83] INGLADA V.Die berechnung der herdkoordinated eies nahbebens aus den eintrittszeiten der in einingen benachbarten stationen aufgezeichneten P- oder P-wellen[J].Gerlands beitrage zur geophysik,1928,19:73-78.

[84] LEIGHTON F,DUVALL W I. Least squares method for improving rock noise source location techniques[J].[S.l.]:USBM,1972.

[85] 赵珠,曾融生.一种修定震源参数的方法[J].地球物理学报,1987,30(4): 379-388.

[86] ROMNEY C.Seismic waves from the Dixie Valley Fairview Peak Earthquakes [J].Bulletin of the Seismological Society of America,1957,47(4):301-319.

[87] LOMNITZ C. A fast epicenter location program [J]. Bulletin of the Seismological Society of America,1977,67(2):425-431.

[88] GARZA T,LOMNITZ C,VELASCO C.An interactive epicenter location procedure for the RESMAC seismic array: II [J]. Bulletin of the Seismological Society of America,1979.

[89] QIAN Y N,LI Q G,JIANG Z Z,et al.Microseismic activity characteristics and range evaluation of hydraulic fracturing in coal seam[J].Gas science and engineering,2024,122:205222.

[90] ENGDAHL E R,VAN DER HILST R,BULAND R.Global teleseismic earthquake relocation with improved travel times and procedures for depth determination[J].Bulletin of the Seismological Society of America,1998, 88(3):722-743.

[91] SAMBRIDGE M,MOSEGAARD K.Monte Carlo methods in geophysical inverse problems[J].Reviews of geophysics,2002,40(3):1-29.

[92] 唐国兴.用计算机确定地震参数的一个通用方法[J].地震学报,1979,1(2): 186-196.

[93] THURBER C H.Nonlinear earthquake location:theory and examples[J]. Bulletin of the Seismological Society of America,1985,75(3):779-790.

［94］ KENNETT B L N，SAMBRIDGE M S.Earthquake location：genetic algorithms for teleseisms[J].Physics of the earth and planetary interiors，1992,75(1/2/3)：103-110.

［95］ SAMBRIDGE M S,KENNETT B L N.A novel method of hypocentre location[J].Geophysical journal of the Royal Astronomical Society,1986,87(2)：679-697.

［96］周民都,张元生,张树勋.遗传算法在地震定位中的应用[J].西北地震学报,1999(2)：167-171.

［97］PRUGGER A F,GENDZWILL D J.Microearthquake location：a nonlinear approach that makes use of a simplex stepping procedure[J].Bulletin of the Seismological Society of America,1988,78(2)：799-815.

［98］赵珠,丁志峰,易桂喜,等.西藏地震定位：一种使用单纯形优化的非线性方法[J].地震学报,1994,16(2)：212-219.

［99］ LI N,WANG E Y,GE M C,et al. A nonlinear microseismic source location method based on Simplex method and its residual analysis[J].Arabian journal of geosciences,2014,7(11)：4477-4486.

［100］李健,高永涛,谢玉玲,等.基于无需测速的单纯形法微地震定位改进研究[J].岩石力学与工程学报,2014,33(7)：1336-1346.

［101］陈炳瑞,冯夏庭,李庶林,等.基于粒子群算法的岩体微震源分层定位方法[J].岩石力学与工程学报,2009,28(4)：740-749.

［102］宋维琪,高艳珂,朱海伟.微地震资料贝叶斯理论差分进化反演方法[J].地球物理学报,2013,56(4)：1331-1339.

［103］霍凤斌.混沌模拟退火算法在储层参数反演中的应用[D].成都：成都理工大学,2007.

［104］ GAUTHIER O,VIRIEUX J,TARANTOLA A.Two-dimensional nonlinear inversion of seismic waveforms：numerical results[J].Geophysics,1986,51(7)：1387-1403.

［105］ ZHANG M,WEN L X.An effective method for small event detection：match and locate（M&L）[J].Geophysical journal international,2015,200(3)：1523-1537.

［106］王剑锋,李天斌,马春驰,等.基于引力搜索法的隧道围岩微震定位研究[J].岩土力学,2019,40(11)：4421-4428.

[107] 周运波. 微震监测反演方法研究[D].荆州:长江大学,2012.

[108] LI G M,CHEN J Y,HAN M,et al.Accurate microseismic event location inversion using a gradient-based method[C]//SPE Annual Technical Conference and Exhibition, October 8-10, 2012, San Antonio, Texas, USA.[S.l.:s.n.]:2012:159-187.

[109] 宋维琪,刘军,陈伟.改进射线追踪算法的微震源反演[J].物探与化探,2008,32(3):274-278.

[110] 崔仁胜,陈阳,王洪体,等.基于DFP算法的小尺度微震定位方法研究[J].震灾防御技术,2014,9(增刊1):639-647.

[111] CROSSON R S. Crustal structure modeling of earthquake data:1. Simultaneous least squares estimation of hypocenter and velocity parameters[J].Journal of geophysical research,1976,81(17):3036-3046.

[112] DONG L J, ZOU W, SUN D Y, et al. Some developments and new insights for microseismic/acoustic emission source localization[J].Shock and vibration,2019:9732606.

[113] NIE P F,LIU B,CHEN P,et al.SRP-PHAR combined velocity scanning for locating the shallow underground acoustic source[J]. IEEE access,2019,7:161350-161362.

[114] PENG P G,JIANG Y J,WANG L G,et al.Microseismic event location by considering the influence of the empty area in an excavated tunnel[J]. Sensors,2020,20(2):1-20.

[115] AKI K,CHRISTOFFERSSON A,HUSEBYE E S.Dermination of the three-dimensional seismic structure of the lithosphere[J].Journal of geophysical research,1977,82(2):277-296.

[116] PAVLIS G L, JOHN R B. The mixed discrete-continuous inverse problem:application to the simultaneous determination of earthquake hypocenters and velocity structure[J].Journal of geophysical research,1980,85(B9):4801-4810.

[117] 刘福田.震源位置和速度结构的联合反演(Ⅰ):理论和方法[J].地球物理学报,1984,27(2):167-175.

[118] 董陇军,李夕兵,唐礼忠,等.无需预先测速的微震震源定位的数学形式及震源参数确定[J].岩石力学与工程学报,2011,30(10):2057-2067.

［119］张致伟,龙锋,王世元,等.四川宜宾地区地震定位及速度结构[J].地震地质,2019,41(4):913-926.

［120］ ZHANG Z S, RECTOR J W, NAVA M J. Simultaneous inversion of multiple microseismic data for event locations and velocity model with Bayesian inference[J].Geophysics,2017,82(3):27-39.

［121］ SPENCE W.Relative epicenter determination using P-wave arrival-time differences[J].Bulletin of the Seismological Society of America,1980,70:171-183.

［122］ GRECHKA V,DE LA PENA A,SCHISSELÉ-REBEL E,et al.Relative location of microseismicity[J].Geophysics,2015,80(6):1-9.

［123］ PEPPIN W A,HONJAS W,SOMERVILLE M R,et al.Precise master-event locations of aftershocks of the 4 October 1978 wheeler crest earthquake sequence near Long Valley, California[J]. Bulletin of the Seismological Society of America,1989,79(1):67-76.

［124］ GRECHKA V, LI Z, HOWELL B. Relative location of microseismic events with multiple masters[J].Geophysics,2016,81(4):149-158.

［125］ ZOLLO A,DE MATTEIS R,CAPUANO P,et al.Constraints on the shallow crustal model of the Northern Apennines (Italy) from the analysis of microearthquake seismic records [J]. Geophysical journal international,1995,120(3):646-662.

［126］ FISCHER T,HORÁLEK J.Refined locations of the swarm earthquakes in the Nový Kostel focal zone and spatial distribution of the January 1997 swarm in western Bohemia,Czech Republic[J].Studia geophysica et geodaetica,2000,44(2):210-226.

［127］ WALDHAUSER F,ELLSWORTH W L.A double-difference earthquake location algorithm:method and application to the northern Hayward fault,California[J].Bulletin of the Seismological Society of America,2000,90(6):1353-1368.

［128］ ZHANG H J, THURBER C H. Double-difference tomography:the method and its application to the Hayward fault,California[J].Bulletin of the Seismological Society of America,2003,93(5):1875-1889.

［129］邓山泉,章文波,于湘伟,等.利用区域双差层析成像方法研究川滇南部地

壳结构特征[J].地球物理学报,2020,63(10):3653-3668.

[130] 缪思钰,张海江,陈余宽,等.基于微地震定位和速度成像的页岩气水力压裂地面微地震监测[J].石油物探,2019,58(2):262-271.

[131] CLAERBOUT J F. Toward a unified theory of reflector mapping[J]. Geophysics,1971,36(3):467.

[132] MCMECHAN G A. Determination of source parameters by wavefield extrapolation[J].Geophysical journal of the Royal Astronomical Society, 1982,71(3):613-628.

[133] LARMAT C S,GUYER R A,JOHNSON P A. Tremor source location using time reversal: selecting the appropriate imaging field [J]. Geophysical research letters,2009,36:1-6.

[134] LARMAT C S,GUYER R A,JOHNSON P A.Time-reversal methods in geophysics[J].Physics today,2010,63(8):31-35.

[135] SAVA P.Micro-earthquake monitoring with sparsely sampled data[J]. Journal of petroleum exploration and production technology,2011,1(1): 43-49.

[136] 王晨龙,程玖兵,尹陈,等.地面与井中观测条件下的微地震干涉逆时定位算法[J].地球物理学报,2013,56(9):3184-3196.

[137] ZOU Z H, ZHOU H W, GURROLA H. Reverse-time imaging of a doublet of microearthquakes in the Three Gorges Reservoir region[J]. Geophysical journal international,2014,196(3):1858-1868.

[138] 李振春,盛冠群,王维波,等.井地联合观测多分量微地震逆时干涉定位[J].石油地球物理勘探,2014,49(4):661-666.

[139] 李青峰,张建中.基于分组互相关成像条件的微震逆时成像定位方法[J].地球物理学进展,2019,34(1):125-135.

[140] HUANG L Q,HAO H,LI X B,et al.Source identification of microseismic events in underground mines with interferometric imaging and cross wavelet transform[J]. Tunnelling and underground space technology, 2018, 71: 318-328.

[141] KISELEVITCH V L,NIKOLAEV A V,TROITSKIY P A,et al.Emission tomography:main ideas, results, and prospects[J]. SEG technical program expanded abstracts,1991:1602.

[142] DUNCAN P M.Is there a future for passive seismic? [J].First break, 2005,23(6):111-115.

[143] SCHUSTER G T, YU J, SHENG J, et al. Interferometric/daylight seismic imaging[J]. Geophysical journal international, 2004, 157 (2): 838-852.

[144] PESICEK J D,CHILD D,ARTMAN B,et al.Picking versus stacking in a modern microearthquake location:comparison of results from a surface passive seismic monitoring array in Oklahoma[J]. Geophysics, 2014, 79(6):61-68.

[145] WILLIAMS J R.Fast beam-forming algorithm[J].Journal of the Acoustical Society of America,1968,44(5):1454-1455.

[146] HUANG B S, CHEN K C, YEN H Y, et al. Re-examination of the epicenter of the 16 September 1994 Taiwan Strait earthquake using the beam-forming method[J].Terrestrial atmospheric and oceanic sciences, 1999,10(3):529-542.

[147] WASSERMANN J. Locating the sources of volcanic explosions and volcanic tremor at Stromboli volcano (Italy) using beam-forming on diffraction hyperboloids[J].Physics of the earth and planetary interiors, 1997,104(1/2/3):271-281.

[148] SHEKAR B, SETHI H S. Full-waveform inversion for microseismic events using sparsity constraints[J].Geophysics,2019,84(2):1-12.

[149] KADERLI J,MCCHESNEY M D,MINKOFF S E.Microseismic event estimation in noisy data via full waveform inversion[J].SEG Technical program expanded abstracts,2015:1159-1164.

[150] DIEKMANN L,SCHWARZ B,BAUER A,et al.Source localization and joint velocity model building using wavefront attributes[J].Geophysical journal international,2019,219(2):995-1007.

[151] ANIKIEV D,BIRNIE C,WAHEED U,et al.Machine learning in microseismic monitoring[J].Earth-science reviews,2023,239:104371.

[152] LI L, CHEN H, WANG X M. Weighted-elastic-wave interferometric imaging of microseismic source location[J]. Applied geophysics, 2015, 12(2):221-234.

[153] LV H.Noise suppression of microseismic data based on a fast singular value decomposition algorithm[J].Journal of applied geophysics,2019, 170:103831.

[154] SHI P D,ANGUS D,ROST S,et al. Automated seismic waveform location using multichannel coherency migration (MCM)-I: theory[J]. Geophysical journal international,2019,216(3):1842-1866.

[155] TROJANOWSKI J,EISNER L.Comparison of migration-based location and detection methods for microseismic events [J]. Geophysical prospecting,2017,65(1):47-63.

[156] GREENHALGH S,MASON I M,ZHOU B.An analytical treatment of single station triaxial seismic direction finding[J].Journal of geophysics and engineering,2005,2(1):8-15.

[157] FLINN E A.Signal analysis using rectilinearity and direction of particle motion[J].Proceedings of the IEEE,1965,53(12):1874-1876.

[158] MAGOTRA N,AHMED N,CHAEL E.Seismic event detection and source location using single-station (three-component) data[J].Bulletin of the Seismological Society of America,1987,77(3):958-971.

[159] KIM S G,GAO F C.Study on some characteristics of earthquakes and explosions using the polarization method[J].Journal of physics of the earth,1997,45(1):13-27.

[160] KIM S G,WU Z L.Uncertainties of seismic source determination using a 3-component single station[J].Journal of physics of the earth,1997, 45(1):1-11.

[161] BAYER B,KIND R,HOFFMANN M,et al. Tracking unilateral earthquake rupture by P-wave polarization analysis [J]. Geophysical journal international,2012,188(3):1141-1153.

[162] SAENGER E H,SCHMALHOLZ S M,LAMBERT M A,et al.A passive seismic survey over a gas field:analysis of low-frequency anomalies[J]. Geophysics,2009,74(2):029-040.

[163] OYE V,ROTH M.Automated seismic event location for hydrocarbon reservoirs[J].Computers & geosciences,2003,29(7):851-863.

[164] XU J C,ZHANG W,CHEN X F,et al.An effective polarity correction

method for microseismic migration-based location[J].Geophysics,2020,
85(4):115-125.

[165] 崔庆辉,潘树林,刁瑞,等.基于跟踪分量扫描的井中微地震定位方法[J].
石油地球物理勘探,2020,55(4):831-838.

[166] 何惺华.基于三分量的微地震震源反演方法与效果[J].石油地球物理勘
探,2013,48(1):71-76.

[167] 马见青,李庆春,王美丁.多分量地震极化分析评述[J].地球物理学进展,
2011,26(3):992-1003.

[168] 梁兵,朱广生.油气田勘探开发中的微震监测方法[M].北京:石油工业出
版社,2004.

[169] 程久龙,宋广东,刘统玉,等.煤矿井下微震震源高精度定位研究[J].地球
物理学报,2016,59(12):4513-4520.

[170] 冯德益.地震波理论与应用[M].北京:地震出版社,1988.

[171] BELAYOUNI N,GESRET A,DANIEL G,et al.Microseismic event
location using the first and reflected arrivals[J].Geophysics,2015,
80(6):133-143.

[172] 郭亮,戴峰,徐奴文,等.基于 MSFM 的复杂速度岩体微震定位研究[J].岩
石力学与工程学报,2017,36(2):394-397.

[173] ZHOU Z L,ZHOU J,CAI X,et al.Acoustic emission source location
considering refraction in layered media with cylindrical surface[J].
Transactions of Nonferrous Metals Society of China,2020,30(3):789-799.

[174] FUTTERMAN W I.Dispersive body waves[J].Journal of geophysical
research,1962,67(13):5279-5291.

[175] BIOT M A.Mechanics of deformation and acoustic propagation in porous
media[J].Journal of applied physics,1962,33(4):1482-1498.

[176] JOHNSON D L,KOPLIK J,DASHEN R.Theory of dynamic permeability
and tortuosity in fluid-saturated porous media[J].Journal of fluid mechanics,
1987,176(176):379-402.

[177] 骆循,宋正宗.跨孔地震法井间距离选择的讨论[J].物探化探计算技术,
1989,11(2):169-173.

[178] LI L,TAN J Q,SCHWARZ B,et al.Recent advances and challenges of
waveform-based seismic location methods at multiple scales[J].Reviews

of geophysics,2020,58(1):1-47.

[179] 冯增朝,赵阳升,文再明.煤岩体孔隙裂隙双重介质逾渗机理研究[J].岩石力学与工程学报,2005,24(2):236-240.

[180] GUJJALA Y K,DEB D.Enriched numerical procedures for bolt reinforced fully saturated fractured porous media[J].International journal of rock mechanics and mining sciences,2020,136:1-13.

[181] CHENG Y P,PAN Z J.Reservoir properties of Chinese tectonic coal:a review[J].Fuel,2020,260:1-22.

[182] 秦勇,袁亮,胡千庭,等.我国煤层气勘探与开发技术现状及发展方向[J].煤炭科学技术,2012,40(10):1-6.

[183] 于江林,余永增,戴光,等.滚动轴承声发射信号的人工神经网络模式识别技术[J].大庆石油学院学报,2008,32(5):64-66.

[184] 齐添添,陈尧,何才厚,等.损伤声发射信号小波包神经网络特征识别方法[J].北京邮电大学学报,2021,44(1):124-130.

[185] 张惠臣,那健,翟春平.基于卷积神经网络的声信标信号识别方法[J].舰船科学技术,2021,43(1):150-153.

[186] 陈建桥.材料强度学[M].武汉:华中科技大学出版社,2008.

[187] CHENG J L,SONG G D,SUN X Y,et al.Research developments and prospects on microseismic source location in mines[J].Engineering,2018,4(5):653-660.

[188] MONTALBETTI J F,KANASEWICH E R.Enhancement of teleseismic body phases with a polarization filter[J].Geophysical journal of the Royal Astronomical Society,1970,21(2):119-129.

[189] SAMSON J C,OLSON J V.Some comments on the descriptions of the polarization states of waves[J].Geophysical journal of the Royal Astronomical Society,1980,61(1):115-129.

[190] KANASEWICH E R.Time sequence analysis in geophysics[M].3rd ed.Edmonton,Alta.:University of Alberta Press,1981.

[191] SAMSON J C,OLSON J V.Data-adaptive polarization filters for multichannel geophysical data[J].Geophysics,1981,46(10):1423-1431.

[192] JURKEVICS A.Polarization analysis of three-component array data[J].Bulletin of the Seismological Society of America,1988,78:1725-1743.

[193] BATAILLE K,CHIU J M.Polarization analysis of high-frequency,three-component seismic data[J]. Bulletin of the Seismological Society of America,1991,81:622-642.

[194] PERELBERG A I,HORNBOSTEL S C.Applications of seismic polarization analysis[J].Geophysics,1994,59(1):119-130.

[195] ZHANG J,WALTER W R,LAY T,et al. Time-domain pure-state polarization analysis of surface waves traversing California[J].Pure and applied geophysics,2003,160(8):1447-1478.

[196] VIDALE J E. Complex polarization analysis of particle motion[J]. Bulletin of the Seismological Society of America,1986,76:1393-1405.

[197] SAMSON J C.The spectral matrix,eigenvalues,and principal components in the analysis of multichannel geophysical data[J].Annales geophysicae,1983, 1:115-119.

[198] PARK J,VERNON F L,LINDBERG C R.Frequency dependent polarization analysis of high-frequency seismograms[J].Journal of geophysical research, 1987,92(B12):12664-12674.

[199] RENÉ R M,FITTER J L,FORSYTH P M,et al. Multicomponent seismic studies using complex trace analysis[J]. Geophysics,1986, 51(6):1235-1251.

[200] LI X Y,CRAMPIN S.Complex component analysis of shear-wave splitting: case studies[J].Geophysical journal international,1991,107(3):605-613.

[201] MOROZOV I B,SMITHSON S B.Instantaneous polarization attributes and directional filtering[J].Geophysics,1996,61(3):872-881.

[202] DIALLO M S,KULESH M,HOLSCHNEIDER M,et al.Instantaneous polarization attributes based on an adaptive approximate covariance method[J].Geophysics,2006,71(5):99-104.

[203] 万永革.地震学导论[M].北京:科学出版社,2016.

[204] 王庆国,刘雪夫,左少杰.红阳二矿水力压裂范围的实验研究[J].煤炭技术,2018,27(6):168-170.

[205] 赵卫华,孙东生,王红才,等.沈阳红菱煤矿地应力测量[J].地质力学学报,2008,14(3):286-291.

[206] GHADERI A,TAHERI-SHAKIB J,SHARIFNIK M A.The effect of

natural fracture on the fluid leak-off in hydraulic fracturing treatment [J].Petroleum,2019,5(1):85-89.

[207] HU Q T,JIANG Z Z,LI Q G,et al.Induced stress evolution of hydraulic fracturing in an inclined soft coal seam gas reservoir near a fault[J]. Journal of natural gas science and engineering,2021,88:1-12.

[208] 胡千庭,周世宁,周心权.煤与瓦斯突出过程的力学作用机理[J].煤炭学报,2008,33(12):1368-1372.

[209] WANG X G,HU Q T,LI Q G.Investigation of the stress evolution under the effect of hydraulic fracturing in the application of coalbed methane recovery[J].Fuel,2021,300:1-10.